彩图5 产生冬孢子堆（黑色）

彩图6 冬孢子堆形态（黑白背景）

彩图7 颖壳上的夏孢子堆

彩图8 小麦条锈病反应型（苗期）

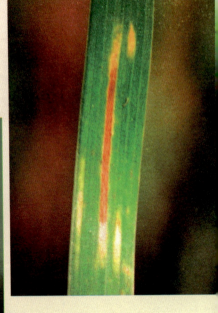

彩图9 成株叶片的高度抗病反应型

彩图10 成株叶片的中度抗病反应型

彩图11 成株叶片的感病反应型

彩图12 感病品种叶片内菌丝（显示蓝色荧光）扩展情况

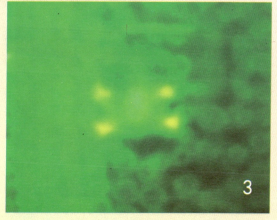

彩图13 近免疫品种侵染点叶肉细胞过敏性坏死（显示黄色荧光）

彩图14 高抗品种侵染点叶肉细胞过敏性坏死

彩图15 中抗品种侵染点叶肉细胞过敏性坏死（显示黄色荧光）

彩图16 慢锈品种叶片内菌落扩展与细胞坏死

农作物重要病虫害防治技术丛书

小麦条锈病及其防治

商鸿生 编著

金盾出版社

内 容 提 要

条锈病是我国小麦最重要的病害和主要防治对象。本书系统介绍了小麦条锈病的基本知识和主要研究成果，主要内容包括：病原菌、症状、生理病变、周年发病过程、大区流行规律、病原菌生理小种、品种抗病性、抗病性鉴定、抗病育种、持久抗病性、病情调查，预测预报以及防治技术等方面内容，还重点分析了条锈病间歇式大流行的成因和相关对策。本书内容丰富，叙事明白，阐释清晰，有助于读者全面、准确、深入地了解小麦条锈病。适用于专业技术人员、农技推广人员、农药种子营销人员、农业院校及科研院所相关人员阅读使用。

图书在版编目(CIP)数据

小麦条锈病及其防治/商鸿生编著．—北京：金盾出版社，2008.1

（农作物重要病虫害防治技术丛书）

ISBN 978-7-5082-4800-4

Ⅰ．小… Ⅱ．商… Ⅲ．小麦-条锈病-防治 Ⅳ．S435.121.4

中国版本图书馆 CIP 数据核字(2007)第 177614 号

金盾出版社出版、总发行

北京太平路 5 号（地铁万寿路站往南）

邮政编码：100036　电话：68214039　83219215

传真：68276683　网址：www.jdcbs.cn

彩色印刷：北京印刷一厂

黑白印刷：北京金盾印刷厂

装订：永胜装订厂

各地新华书店经销

开本：787×1092 1/32　印张：6.25　彩页：4　字数：133 千字

2011 年 1 月第 1 版第 3 次印刷

印数：16001—20000 册　定价：10.00 元

（凡购买金盾出版社的图书，如有缺页、

倒页、脱页者，本社发行部负责调换）

前　言

小麦条锈病是世界范围的大病害,也是我国冬小麦最重要的病害和主要防治对象。条锈病一旦流行,就会遍及广大麦区,造成严重的经济损失。例如,1950年大流行,全国减产60亿千克;1964年大流行,减产32亿千克;1990年西北麦区和黄淮海麦区大流行,减产26.5亿千克。通过各级政府和农业部门的悉心组织,精心防治,我国在锈病控制方面已经做出了很大的成绩。我国已经彻底改变了条锈病常年流行的局面,还有效地降低了大发生的频率,极大地压低了病害流行所造成的产量损失。

我国小麦条锈病的研究,得到了国家有关部门和相关省、市各项科技计划的大力支持,取得了许多突破性进展,已经基本摸清了条锈病的发生规律和流行体系,普及了抗条锈病的高产品种,推广了高效药剂防治技术。在条锈病预测预报体系建设,条锈病菌小种鉴定,以及在品种抗病性、病原菌毒性等基础研究方面也取得了很大的进展。"中国小麦条锈病流行体系研究"曾获国家自然科学奖二等奖,多个抗病品种和抗病育种材料获国家发明奖、特等奖和一等奖。

现阶段存在的主要问题是抗病品种缺乏抗病持久性。在推广了一批抗病品种后,就会因条锈病菌匹配毒性小种的出现和增殖而使品种抗病性失效,造成条锈病再次流行。自20世纪50年代以来,在我国冬小麦主要产区,先后有7批小麦主栽品种因抗锈性失效而被淘汰。20世纪末期,由于出现了一批条锈病菌新小种,致使大批主栽品种失效,我国又一次面临条锈病大流行的局面。2002年我国11个省(市、自治区)发病,发生面积近670万公顷,减产10亿千克。由此可见,尽管已经普及了抗病品种,也推广了高效药剂防治技术,但决不能因为条锈病暂时被控制而掉以轻心,要做好长期斗争的准备。

本书内容丰富,叙事明白,阐释清晰。将向农技人员、科研教学人员、农业管理人员和社会公众介绍小麦条锈病的基本知识和主要研究成果。

书中不当之处,敬请读者批评指正。

西北农林科技大学　商鸿生
2007年8月于上海

目 录

第一章 小麦条锈病的症状与危害 ………………………(1)
  一、症状 ………………………………………………(1)
  二、生理病变 …………………………………………(4)
    (一)光合作用 ……………………………………(4)
    (二)呼吸作用 ……………………………………(7)
    (三)核酸和蛋白质代谢 …………………………(7)
    (四)水分关系 ……………………………………(8)
  三、产量损失 ………………………………………(11)

第二章 病原菌及其侵染过程 ……………………………(15)
  一、病原菌 …………………………………………(15)
    (一)分类地位 ……………………………………(15)
    (二)形态特征 ……………………………………(17)
    (三)生物学特性 …………………………………(18)
  二、侵染过程 ………………………………………(19)
    (一)接触期 ………………………………………(20)
    (二)侵入期 ………………………………………(20)
    (三)潜育期 ………………………………………(22)
    (四)发病期 ………………………………………(24)

第三章 病原菌生理小种和寄生适合度 …………………(26)
  一、生理小种 ………………………………………(26)
    (一)生理小种的概念 ……………………………(26)
    (二)生理小种的鉴定方法 ………………………(29)

（三）我国小麦条锈病菌的生理小种 ………………（34）
 二、寄生适合度……………………………………………（35）
  （一）基本概念 ……………………………………（36）
  （二）测定方法 ……………………………………（36）
  （三）测定结果 ……………………………………（38）

第四章 小麦条锈病的发生规律 ……………………（41）
 一、周年发生过程…………………………………………（41）
  （一）越夏 …………………………………………（42）
  （二）秋苗发病 ……………………………………（47）
  （三）越冬 …………………………………………（48）
  （四）春季流行 ……………………………………（51）
 二、大区流行规律…………………………………………（53）
  （一）流行区划、菌源传播和流行因素……………（53）
  （二）西北区的流行 ………………………………（64）
  （三）华北区的流行 ………………………………（74）
  （四）四川盆地和川西高原的流行 ………………（77）
  （五）云南省的流行 ………………………………（80）

第五章 小麦品种抗病性及其利用 …………………（84）
 一、小麦品种的抗病性……………………………………（84）
  （一）低反应型抗锈性 ……………………………（84）
  （二）慢锈性 ………………………………………（90）
  （三）高温抗锈性 …………………………………（93）
  （四）其他抗锈性类型 ……………………………（98）
 二、品种抗锈性与病原菌毒性的遗传 …………………（100）
  （一）低反应型抗锈性的遗传 ……………………（100）
  （二）慢锈性的遗传 ………………………………（108）
  （三）条锈病菌毒性的遗传………………………（109）

- (四)"基因对基因"学说 …………………………… (114)
- 三、抗锈性鉴定和抗锈育种 ………………………… (117)
  - (一)抗锈性鉴定 …………………………………… (117)
  - (二)抗锈种质资源 ………………………………… (123)
  - (三)抗锈育种途径 ………………………………… (127)
- 四、抗锈性失效问题及对策 ………………………… (137)
  - (一)抗锈性失效的原因 …………………………… (138)
  - (二)持久抗病性和抗病性的持久度 …………… (143)
  - (三)延长抗锈性持久度的途径 ………………… (148)

第六章 病情调查与预测预报 ……………………… (155)
- 一、病情调查 …………………………………………… (155)
  - (一)病情调查记载指标 …………………………… (156)
  - (二)病情普查 ……………………………………… (157)
  - (三)病情发展系统调查 …………………………… (159)
- 二、病情预测预报 ……………………………………… (161)
  - (一)综合分析预测法 ……………………………… (161)
  - (二)指标预测法 …………………………………… (163)
  - (三)数理统计预测法 ……………………………… (164)

第七章 栽培防治与药剂防治 ……………………… (166)
- 一、栽培防治 …………………………………………… (166)
- 二、药剂防治 …………………………………………… (169)
  - (一)药剂防治技术 ………………………………… (169)
  - (二)三唑酮的持效期 ……………………………… (171)
  - (三)三唑酮的治疗作用 …………………………… (175)
  - (四)三唑酮作用的病理学机制 ………………… (177)
  - (五)烯唑醇的防治效果 …………………………… (178)

参考文献 …………………………………………………… (180)

第一章 小麦条锈病的症状与危害

一、症　状

症状是患病植物外在的不正常表现,通常由"病状"和"病征"两类特点构成。病状为植物本身的不正常表现,而病征则为发病部位所出现的病原菌营养体和繁殖体。症状不仅是识别病害的主要依据,而且也是鉴定抗病植物或抗病品种的主要依据,只有熟悉症状类别及其特点,才能准确判断抗病类型和抗病程度。

条锈病主要发生在叶片上,也可危害叶鞘、茎、穗部、颖壳和芒(彩图1至彩图7)。发病部位最初生成小型的褪绿病斑(俗称花斑),随后迅速出现黄色或鲜黄色的夏孢子堆。叶片上夏孢子堆呈卵圆形、椭圆形或长椭圆形,凸起,被叶表皮覆盖,成熟后表皮破裂而外露,并散放出黄色粉末,此为病原菌的夏孢子(彩图4)。覆盖夏孢子堆的表皮开裂较轻柔,肉眼观察不甚明显。夏孢子堆周围可能出现褪绿、枯黄等异常。在小麦成株叶片上,夏孢子堆两端附近还可陆续产生新的孢子堆,以致多个夏孢子堆沿叶脉呈"虚线"状排列(彩图3)。发病严重时,叶面布满夏孢子堆,叶片黄化、枯死。

在幼苗叶片上,有时以最初出现的夏孢子堆(侵入点)为中心,在周围形成一圈夏孢子堆,翌日在其外围又生成一圈夏孢子堆,如此不断向周围扩展,成为同心环状(彩图2)。当中心的孢子堆破裂散粉、变为枯黄色后,四周各圈的孢子堆依次处于正在散粉、刚刚破裂、尚未破裂和正在产生等不同状态，最外一圈为褪绿晕环。

小麦成熟前，遭受高温、干旱等环境胁迫后，在发病部位还形成另一种黑色的疱斑，此为病菌冬孢子堆，内藏黑色冬孢子。冬孢子堆可能在夏孢子堆的基础上产生，也可能在夏孢子堆附近生成（彩图5，彩图6）。

夏孢子堆和冬孢子堆均为病原菌的繁殖机构，可视为条锈病的"病征"，而叶组织褪绿或枯黄则为"病状"，但通常不做严格的区分。

除了条锈病外，小麦还常感染叶锈病和秆锈病。有时在一块田内，一个植株上，甚至一个叶片上同时混生几种锈病，需要准确地辨别。区分3种锈病，要仔细比较孢子堆的大小、形状、颜色、排列特点和表皮开裂情况，详见表1。

表1　小麦条锈病、叶锈病与秆锈病的症状比较

特　征	条锈病	叶锈病	秆锈病
夏孢子堆	小，鲜黄色，长椭圆形。在成株叶片上沿叶脉排列成行，呈"虚线"状。在幼苗叶片上，以侵入点为中心，形成多重同心环。覆盖孢子堆的表皮开裂不明显	较小，橘红色，圆形至长椭圆形，不规则散生，多生于叶片正面。覆盖孢子堆的寄主表皮均匀开裂	大，褐色，长椭圆形至长方形，隆起高，不规则散生，可相互愈合。覆盖孢子堆的寄主表皮大片开裂，常向两侧翻卷
冬孢子堆	小，狭长形，黑色，成行排列，覆盖孢子堆的表皮不破裂	较小，圆形至长椭圆形，黑色，散生，表皮不破裂	较大，长椭圆形至狭长形，黑色，散生无规则，表皮破裂，卷起

区分小麦成株3种锈病并不难,但是小麦秋苗或自生麦苗发病,有时是多点分别侵入造成的,孢子堆在叶面散生或密集分布,不出现典型的环状排列,若叶锈病的夏孢子堆也密集成片,就难以与条锈病区分。特别是在秋末冬初,条锈病菌夏孢子堆颜色转深,更容易混淆,即使是专业人员也可能误判。有些地方历史上多年积累的秋苗病情资料,存在因误将叶锈病当成条锈病而产生的数据错误,又无法甄别,因而难以利用。

当难以区分条锈病或叶锈病时,可采集夏孢子,带回实验室,用"盐酸反应法"予以鉴别。即将夏孢子置于载玻片上,滴加一滴浓盐酸,用低倍显微镜观察夏孢子内细胞质的反应。若是条锈病菌夏孢子,其细胞质收缩成几个小团;而叶锈病菌夏孢子的细胞质,收缩成一团,位于孢子中央。

小麦抗病品种的症状与感病品种有明显区别,此种区别通常用"反应型"表示(表2)。反应型表示夏孢子堆及其周围植物组织的综合特征。抗病品种发生过敏性坏死反应,侵入点周围组织死亡,出现坏死斑,不产生夏孢子堆或仅产生较小的夏孢子堆,孢子堆周围组织枯死。感病品种的夏孢子堆大,周围无变化或仅有轻度失绿(彩图8至彩图11)。

表2 小麦锈病反应型的简明划分

反应型	识别特征	所代表的抗病程度
0	无肉眼可见症状	抗病(免疫)
0;	仅产生褪绿或枯死病斑,不产生夏孢子堆	抗病(近免疫)
1	枯死斑上产生微小的夏孢子堆,常不破裂	抗病(高度抗病)
2	夏孢子堆小至中等大小,周围组织失绿或枯死	抗病(中度抗病)
3	夏孢子堆中等大小,周围轻度失绿	感病(中度感病)
4	夏孢子堆大,秆锈的夏孢子堆常相互愈合	感病(高度感病)

二、生理病变

植物被病原菌侵染后,发生一系列的生理、生化变化,形成了植物受害和减产的生理基础。植物细胞膜透性的改变和电解质渗漏是侵染初期重要的生理病变,继而出现呼吸作用、光合作用、核酸和蛋白质代谢、水分关系以及其他方面的变化。植物受害和减产是多种生理过程变化的综合结果,其中光合作用、呼吸作用与水分关系的异变尤其重要。核酸、蛋白质与次生物质的代谢则主要通过调控抗病反应而发挥作用。

(一)光合作用

病原菌的侵染对植物光合作用产生了多方面的影响。首先,病原菌的侵染破坏了植物绿色组织,减少了植物光合作用面积,光合作用趋于减弱。因此,叶面被破坏的程度常被用作评估植物发病严重度和产量损失的指标。

小麦幼苗感染条锈病后,净光合速率在出现花斑后明显下降,产孢后下降幅度更大。高感品种辉县红,在接种 6 天后,净光合速率就开始下降;接种 10 天后,进入产孢期,净光合速率降低了 40.1%;接种 14 天后,更下降了 58%。

在田间成株期,分别选择轻度病叶(条锈病严重度为 5%)、中度病叶(严重度为 40%)和重度病叶(严重度为 80%),对条锈菌侵染后光合作用的变化进行了监测。结果表明,轻度病叶的净光合速率日变化与无病健叶相似,仍表现出对光强变化的敏感性反应。早晨较低,其后随光照强度的增加而迅速升高,至上午 10 时达到最大值,以后随气温升高而逐渐下降直至傍晚,日变化表现出明显的单峰曲线。中度病叶仅在中午前后保持较高的净光合速率。重病叶净光合速率的日变化趋势与健叶不同,以上午 8 时最高,其后随气温升高而急剧下降,全天保持极低的光合作用。

单位叶面积日光合量是叶片光合作用的综合表现,反映了叶片光合作用的总体水平。与健叶相比,轻度病叶的日光合量下降 2.2%～8.1%,中度病叶下降 28%～35.4%,重度病叶下降显著,是健叶的 30.7%～42.9%,这表明叶片的光合作用受到条锈菌侵染的严重干扰(表3)。

表3 条锈病菌侵染后小麦叶片的净光合速率和日光合量

品 种	严重度	各测定时间的净光合速率($\mu mol\ CO_2 \cdot m^{-2}s^{-1}$)						日光合量 ($\mu mol CO_2 \cdot m^{-2} \cdot s^{-1}$)
		8:00	10:00	12:00	14:00	16:00	18:00	
辉县红	0	16.10	21.50	17.50	11.19	9.34	7.25	512.7
	5%	17.02	20.02	18.91	11.28	7.39	7.16	501.8
	40%	10.28	15.41	14.57	8.31	5.97	3.74	369.1
	80%	11.07	9.95	7.49	4.06	2.45	2.09	219.8
铭贤169	0	13.75	21.64	16.84	9.90	10.43	5.79	493.8
	5%	16.30	18.22	12.96	11.84	9.32	4.84	453.0
	40%	11.19	11.72	11.49	9.36	4.72	2.81	318.9
	80%	10.91	4.99	4.67	3.15	2.12	1.32	151.5

另外,患病植物的叶绿素被破坏或者叶绿素合成受抑制,导致叶绿素含量减少,也使光合能力下降。据测定,被条锈病菌侵染后,小麦叶片的叶绿素含量明显下降。轻度病叶下降了 3%～4.8%,中度病叶下降了 20%～29.4%,重度病叶下降幅度达 45.2%～45.4%。

病叶叶绿素含量的变化与其日光合量变化并不同步。两品种轻度病叶和辉县红中度病叶的叶绿素含量下降幅度,与日光合量下降幅度相近;而铭贤169中度和重度病叶以及辉县红重度病叶的日光合量的下降,均远远超出叶绿素含量下降的比例。这表明在轻度病叶中,叶绿素含量的下降是其光合作用下降的主要因素,而在重度病叶中,叶绿素活性的较低与含量的下降都具有重要作用。

小麦健叶的叶片扩散阻力在一天中经历几个明显的变化阶段,上午维持在较低的水平,中午以后剧烈升高,至14时或16时达到当天的最大值,此后迅速回落。午后叶片扩散阻力的急剧增大虽使叶片的CO_2(二氧化碳)供给受到影响,但避免了高温条件下水分的迅速散失。轻度病叶的日变化趋势与健叶相似,但午后叶片扩散阻力增幅比健叶更高,这可能是由于叶表皮局部破损后水分散失较多造成的。中度和重度病叶午后增幅较小,且一直维持在较低水平。这虽然可增加叶内CO_2的供给,但易于造成叶片的水分匮乏,进而抑制叶片的CO_2同化能力。

小麦健叶叶片细胞间隙CO_2浓度,在中午以后随着叶片扩散阻力的急剧增大而迅速下降,至14时降至最低值,其后随叶片同化CO_2能力的下降而又逐渐回升。轻度病叶的变化趋势与健叶相一致,中午以后细胞间隙的CO_2浓度大幅度下降,这是午后光合受抑制的主要原因。中度和重度病叶由于锈菌产孢后叶片表皮的大量破损,使病叶细胞间隙在午后仍可维持较高的CO_2浓度。因此,光合速率下降的主要原因是由于叶片同化CO_2的能力降低。

光合产物的转移也受到病原菌侵染的影响。患病组织可因α-淀粉酶活性下降而积累淀粉。另外,光合产物输出受阻,或者来自健康组织的光合产物输入增加,都会造成发病部位有机物异常积累,使病植物整体受损。有时变黄的小麦病叶上出现"绿岛反应",即孢子堆周围一圈叶肉组织保持绿色,称为"绿岛"。形成"绿岛"是有机物局部积累的结果。此种积累暂时有利于病原菌寄生和大量繁殖,但很快被消耗殆尽。

(二)呼吸作用

呼吸增强是植物对病原菌侵染的重要反应。苗期测定表明,小麦感病品种的光呼吸强度和暗呼吸强度显症后明显上升,产孢盛期达到高峰,但发病末期呼吸减弱甚至停止。例如,高感品种辉县红的光呼吸速率在花斑期比对照增高30%以上,产孢期增高60%~70%。暗呼吸速率的增高,从花斑期一直延续到产孢期,感病品种的增幅可达健株的2.5倍。

患病植株葡萄糖降解为丙酮酸的途径也有改变。健康植株葡萄糖降解的主要途径是糖酵解,而患病植株则主要是磷酸戊糖途径,因而使葡萄糖-6-磷酸脱氢酶和6-磷酸葡萄糖酸脱氢酶活性增强。磷酸戊糖途径的一些中间产物是重要的生物合成原料,与核糖核酸、酚类物质、木质素、植物保护素等许多化合物的合成有关。

(三)核酸和蛋白质代谢

病原菌侵染前期,叶肉细胞的细胞核和核仁变大,RNA总量增加,侵染的中后期细胞核和核仁变小,RNA总量下降。小麦叶片被条锈菌侵染后也有相似变化。在条锈病显症前病叶RNA含量增加,显症后RNA含量先缓慢下降,随后急剧下降。

条锈菌侵染对DNA含量的影响较小。病叶片内DNA含量在产孢前与健叶相同,产孢后略高于健叶,产孢末期又恢复到健叶水平。一般说来,DNA是遗传信息的携带者,其含量在细胞生命活动中变化极少,只是在细胞程序化死亡末期,DNA含量才会迅速降低。

感病叶片RNA合成在整个发病过程中都高于健叶,且在潜育初期和显症后出现2个峰值。DNA合成的变动较小,病叶在产孢盛期DNA合成明显高于健叶,这可能与锈菌增殖有关。

小麦受到条锈菌侵染后核糖核酸酶活性显著增强,这种病理变化是小麦锈病患病植物核酸代谢的一个普遍特征,不仅与病原菌的侵染活动有关,而且与寄主抗病性也有关联。

在条锈菌侵染过程中,感病叶片内可溶性蛋白质含量仅在显症后有所增加,但游离氨基酸总量则一直高于健叶,且在产孢初期最高。蛋白质水解酶活性也有不同程度的增强。条锈病菌侵染早期对叶片可溶性蛋白质的合成影响不大,但在潜育中期却促进寄主叶片内与膜结合蛋白质的合成。

核酸与蛋白质代谢为植物的原初代谢,是其他代谢过程的基础。核酸与蛋白质代谢的变化,很难与产量构成因素直接挂钩。但小麦抗条锈性的表达,与发病早期核酸与蛋白质代谢有关,特别是与寄主基因转录与翻译活性增强有关。在表现抗病反应的叶片中,RNA合成在病原菌侵入后不久有特异性增强,可翻译mRNA和Poly(A^+)-RNA,水平高于感病反应叶片,蛋白质合成能力与多聚核糖体水平在侵染早期也都特异性增长,并有发病相关蛋白质产生。

(四)水分关系

小麦类感染条锈病后,随叶片蒸腾作用增强,水分大量散失,甚至表现出局部萎蔫、枯死等缺水症状。蒸腾速率的提高是一个渐进过程,产孢盛期达到高峰(表4,表5)。这表明叶片的水分状况迅速恶化,叶片已失去了控制水分散失、维持自身水分平衡的能力。

表4 条锈菌侵染过程中小麦叶片的相对含水量 (%)

品　种	接种天数(天)					健　叶
	4	8	12	16	20	
小偃6号	93.55	95.67	92.87	82.67	71.66	96.66
洛夫林10	95.01	95.49	90.64	79.54	76.88	97.93
洛夫林13	95.40	93.43	92.46	78.62	74.44	96.60

表5 条锈菌侵染过程中小麦叶片的蒸腾速率

($\mu g H_2O \cdot cm^{-2} \cdot s^{-1}$)

品　种	接种天数(天)					健　叶
	4	8	12	16	20	
小偃6号	1.18	1.22	1.20	2.05	2.44	1.51
洛夫林10	1.22	1.23	1.51	2.42	2.33	1.50
洛夫林13	1.20	1.19	1.48	2.98	2.77	1.46

感病叶片水分关系的变化可根据病程进展分为几个不同的阶段。在潜育期,病叶的叶片扩散阻力明显增加,蒸腾速率下降,而叶片的水势、相对含水量和渗透势仅有轻微下降,压力势有小幅升高,这表明此时病叶气孔开放受到了明显的抑制,但仍可保持正常的水分平衡;孢子堆形成后,病叶叶片的扩散阻力明显降低,蒸腾速率明显回升,水势和渗透势随之下降,但叶片的相对含水量和压力势仅有轻微下降,这表明孢子堆形成虽然引起了叶片角质层的破损,但仍可维持水分平衡;产孢后,叶面锈菌孢子堆形成时产生的裂口以及气孔功能失

控,使叶片扩散阻力大幅下降,蒸腾速率上升,致使叶片的相对含水量、水势和渗透势、压力势明显降低。产孢后病叶水分散失的异常增加和叶片水分状况的迅速恶化,表明叶片已失去了控制水分散失、维持自身水分平衡的能力。

条锈病的严重程度不同,对叶片水分关系影响的态势亦不相同。轻度病叶的蒸腾速率、气孔导度、叶片扩散阻力仅有轻微的变化,日蒸腾量有小幅升高,相对含水量稍有下降,病叶仍可有效地控制水分的蒸腾散失,并在全天维持较高的相对含水量。中度和重度病叶的蒸腾速率和气孔导度明显增加,叶片扩散阻力明显降低,日蒸腾量显著升高,而相对含水量则大幅降低,失去了控制水分散失的能力,这将会使病株的光合作用和其他生理活动受到明显的抑制。

当土壤水分缺乏时,中度和重度病叶在中午和午后,叶片的扩散阻力仅有轻微增加,气孔导度虽有下降,但降幅较小,病叶在全天保持较高的气孔导度和较低的叶片扩散阻力。因此,中度和重度病叶的日蒸腾量较健叶显著增大,而相对含水量则大幅下降,并在全天维持很低的水平。由于中度和重度病叶的角质层和表皮已受到了大面积的破坏,叶片的水分散失已基本上失去了控制,叶片的相对含水量主要取决于患病植株水分吸收的速度,在土壤含水量正常时,病株叶片可保持相对较高的含水量。在土壤水分缺乏时,土壤中可为病株吸收的水分减少,病株的吸水速率明显地落后于水分蒸腾散失的速率,导致病叶的含水量大幅下降,水分状况急剧恶化。因而,在干旱年份,条锈病危害更重,减产加剧。田间发生条锈病时,应采取相应措施来补充土壤水分,以减轻病害所造成的损失。

条锈病菌侵染小麦后,因细胞内的养分和其他内含物质被病原菌消耗,正常代谢被扰乱,相继发生了一系列生理病变和组织病变,导致外部形态出现异常变化,表现症状并造成产量损失。

三、产量损失

条锈病是小麦的重要病害,可以造成巨大的产量损失,这既有生理病变的科学依据,又被条锈病流行历史所证实。国内已有若干条锈病大流行造成产量损失的典型实例,1950年大流行全国减产60亿千克,1964年发生减产32亿千克,1975年发生减产10亿千克。1990年西北麦区和黄淮海麦区发病面积达978万公顷,减产26.5亿千克。2002年西北、西南和华中地区的11个省(市、自治区)发病,发生面积近670万公顷,减产10亿千克。

条锈病对小麦产量的影响取决于发病时期和发病程度。发病愈早,发病愈严重,影响也愈大。小麦拔节期前严重发病,会减少有效穗数和穗粒数;拔节期发病则主要减少穗粒数,若病情严重,也可能发生"锁口疸"而不能正常抽穗;扬花期至灌浆期发病则主要降低穗粒重和千粒重。冬小麦秋苗病情与产量的关系比较复杂,还取决于气象、品种与栽培等因素。在条锈病菌不能越冬、秋苗发病与春季发病不相承接的地区,有可能秋苗发病对小麦产量没有显著影响,甚至有时还会出现相反的结果。如在早播冬麦区,有的年份小麦播种过早或密度过大,秋苗偏旺,适度的锈病可起到疏苗和镇压的作用,反而有利于麦苗越冬和春季发育。在以外来菌源为主的发病地区,春季外地菌源到达过晚,即使条锈病发病率较高,也不造成实际危害。

条锈病流行年份各地估算的减产数字,多是测产结果,以当年测产数据,与当地前3年平均产量比较、或与常年产量比较、或与当年无病地平均产量比较而计算得到的。因涉及的地理范围与估算方法不同,往往难以类比。

实际上,所谓"产量"和"产量损失"是一个歧义颇多的概念。有人认为,从经济学的角度出发,可将作物产量损失确定为经济产量与实际产量之间的差额。还有人认为产量损失是期望产量与实际产量之间的差额。经济产量是指采用良好的管理措施,付出适当代价所获得的田间产量。期望产量是指在适宜栽培条件下,采用最佳农业技术后所获得的产量。期望产量通常由精细的小区试验获得。

利用田间发病数据,预测当季小麦产量损失,称为损失估计。为此,需建立用于损失估计的数学模型。模型以病情为自变量,以产量损失率为因变量,表示两者的定量关系。表6就是一个经常被引用的模型,可依据开花期与乳熟期的发病严重度来估计产量损失率。

表6 小麦条锈病发病程度与产量损失的关系

开花期严重度(%)	乳熟期严重度(%)	产量损失率(%)
5	20	10
5	40	15
10	40	15
10	60	20
20	60	25
20	80	30
40	80	35
40	100	40
60	80	40
60	100	45

已有的损失估计模型为经验模型,建模数据得自田间调查或小区试验。前者是在自然发病的田块中,确定病情级别不同的多数单株,或划定病情级别不同的若干小区,多次调查记载病情,按单株或小区分别收获计产,以无病株或无病小区的数据作为对照,取得有可比性的成套数据,然后以病情为自变量,以产量或损失率为因变量,进行回归分析,建立损失估计模型。有时田间植株间发病程度和生育状况差异很大,可将病情相近的病株归类,取其均值建立模型。小区试验法是采用适用的田间试验设计方法,安排试验小区,采用喷药控制法或定量接菌法,创造发病梯度,取得实测数据,建立模型。

若模型的自变量仅为条锈病病情,为单因素损失估计模型。若兼顾其他病害、虫害、栽培因素对产量的影响,则可设多个自变量,建立多因素损失估计模型。

当前所见到的损失估计模型多为单因素模型,且主要是关键生育期病情模型。所谓关键生育期是病情与产量损失的关系最密切的小麦生育阶段。对于条锈病来说,关键期为灌浆期或扬花期,依地区或品种而异。以一个关键生育期病情(X)为自变量,所建立的为单回归模型为 $L(\%)=a+bX$(L 为产量损失率),同时考虑两个生育期,则 $L(\%)=a+bX_1+cX_2$。

季良等(1962)根据华农五号等9个感病品种4年的试验结果,建立了以开花期病情指数(X_1)与乳熟末期病情指数(X_2)为自变量,减产率(L)为因变量的回归方程:

$$L(\%)=2.287+0.278X_1+0.274X_2$$

检验结果表明,实测减产率与期望减产率间相差仅为 $0.15\% \sim 4.05\%$。

季良等(1962)还根据 1950~1958 年春季在石家庄进行

的人工接种结果,提出大流行年份开花期病情指数达30%以上,乳熟期病情指数达80%以上,减产30%以上;中度流行年份开花期病情指数3%～20%,乳熟期达60%左右,减产15%～25%;轻度流行年份开花期1.1%～1.7%,乳熟期8.6%～18.3%,减产5%～10%。

针对多种病虫的多因素模型还很少见,组建此种模型首先要了解其危害机制和相互作用。条锈病与白粉病、叶斑病混合发生时,总的产量损失可能接近各种病害单独损失的总和。若条锈病与系统发病的病害(病毒病害)、根部病害、穗部病虫(赤霉病、吸浆虫)混合发生时,总的损失就不等同于各自损失之和,而很可能是以一种有害生物的危害损失为主,再以不同的方式附加其他病虫的危害。

第二章 病原菌及其侵染过程

引起传染性病原物病害的生物,统称为病原物,若病原物属于真菌、卵菌或细菌,习惯上称为病原菌。病原菌在寄主植物上寄生,完成全部和部分生活史并损害寄主植物,引起病害。病原物的基本属性是其寄生性和致病性。寄生性是指病原物在寄主植物活体内取得营养物质而生存的能力,病原物是攫取营养的一方,称为寄生物,植物是提供营养物质的一方,称为寄主。致病性是指病原物所具有的破坏寄主和引起病变的能力。小麦患有 50 多种病害,是多种病原物的寄主。在这众多病害中,有 3 种锈病,即条锈病、叶锈病和秆锈病,条锈病是其中最重要的一种,小麦条锈病菌具有高度发展的寄生性和强烈的致病性。本节介绍其形态特征、生物学特性以及侵染小麦的过程。

一、病 原 菌

小麦条锈病的病原菌俗称"条锈病菌"或"条锈菌",正式中文名称是条形柄锈菌小麦专化型。

(一)分类地位

禾本科植物条锈病的病原菌为条形柄锈菌(*Puccinia striiformis* West.),属担子菌门冬孢菌纲锈菌目柄锈菌属。早在 19 世纪末,就已经发现条形柄锈菌种内可区分为不同的变种和专化型,至今已发现有 2 个变种,即原变种(*P. stri-*

iformis West. var. *striiformis*)和鸭茅变种(*P. striiformis* West. var. *dactylidis* Manners)。两者的夏孢子与冬孢子尺度、夏孢子萌发适温都有所不同。鸭茅变种只侵染鸭茅,而原变种内有 6 个专化型,即小麦专化型(*P. striiformis* f. sp *tritici*)、大麦专化型(*P. striiformis* f. sp. *hordei*)、冰草专化型(*P. striiformis* f. sp. *agropyri*)、早熟禾专化型(*P. striiformis* f. sp. *poae*)、赖草专化型(*P. striiformis* f. sp. *leymi*)和披碱草专化型(*P. striiformis* f. sp. *elymi*)。原变种内专化型的区分主要依据对寄主植物属或种的寄生专化性(表 7)。

表 7 条形柄锈菌源变种的专化型

专化型	主要寄主	特有寄主	地理分布
小麦专化型	普通小麦	小麦属大部分种	世界各地
大麦专化型	大麦	野生六棱大麦	欧洲、南美洲、日本、中国
赖草专化型	赖草	赖草,天山赖草	中国西北地区
披碱草专化型	麦宾草、肥披碱草	—	中国西北地区
冰草专化型	匍匐冰草	—	欧洲
早熟禾专化型	草地早熟禾	早熟禾属植物	美国

各专化型具有明显不同的寄主范围,在其寄主植物中,有的为该专化型在自然界赖以生存和繁殖的植物,即主要寄主,还有的为只感染该专化型,而不感染其他专化型的寄主植物,即特有寄主或专化寄主。

小麦专化型在我国各小麦产区均有分布,引起小麦条锈病。大麦专化型主要分布于青藏高原,在四川、甘肃、陕西、河南等省区也有分布,引起大麦条锈病。赖草专化型和披碱草专化型为我国学者发现和定名,已知其广泛分布于我国西北地区,分别引起赖草条锈病和披碱草条锈病。冰草专化型与早熟禾专化型在国内尚未发现。

(二)形态特征

小麦条锈病菌的菌丝在小麦细胞间扩展蔓延,称为胞间菌丝。单条菌丝长丝状,有隔膜,分割为多个筒状细胞。多数菌丝构成菌落,在菌落中心部分菌丝密集,菌体往往膨大变形,可产生不规则的突起。

夏孢子堆长椭圆形,初褐色,后呈橙黄色,生于叶片两面,多数夏孢子堆排列成行。夏孢子堆在叶片表皮细胞层下面发育,成熟后突破表皮外露。夏孢子堆底部密集排列着多数产孢细胞,其间生有侧丝。产孢细胞可连续产生夏孢子。夏孢子淡黄色,单胞,球形至椭圆形,表面有细刺,有8~10个发芽孔,发芽孔排列不规则,夏孢子尺度为17~30微米×15~26微米(图1)。

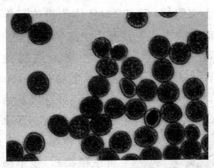

图1 小麦条锈病菌夏孢子形态

冬孢子堆灰黑色,由夏孢子堆转化形成,或在夏孢子堆附近重新形成,冬孢子堆也排列成行。冬孢子褐色,长圆形至棍棒形,表面平滑,双细胞,隔膜处稍缢缩,顶部平截或略呈圆形,柄短,有色。冬孢子尺度为26～32微米×12～16微米(图2)。

图2 小麦条锈病菌冬孢子形态

(三)生物学特性

小麦条锈病菌的生活史属于冬夏孢型(hemiform),仅在小麦植株上产生冬孢子和夏孢子,没有转主寄主,因而不会像秆锈病菌和叶锈病菌等全型锈菌那样,在转主寄主上完成有性繁殖过程。也有人认为条锈病菌可能因为冬孢子休眠期短,很快萌发产生担孢子,来不及侵染可能的转主寄主。总之,小麦条锈病菌只能在小麦上进行无性繁殖。

小麦条锈病菌为双核体,其菌丝的单个细胞或单个夏孢子均具有2个细胞核(图3),双核体的遗传行为等同于二倍体。冬孢子的每个细胞中含有1个二倍体细胞核。

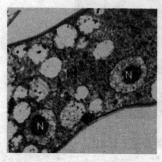

图3 小麦条锈病菌菌丝(IH)细胞中含有2个细胞核(N)

小麦条锈病菌为活体(活物)寄生物(biotrophs),寄生能力很强,可直接从活的寄主中获得养分,而不立即杀伤寄主植物的细胞和组织。条锈病菌侵入寄主植物后,侵染菌丝在植物细胞间隙生长蔓延,仅形成称为吸器的特殊结构进入细胞,吸器与寄主细胞的质膜连接,与寄主细胞进行物质交流。在整个侵染过程中,被侵染的寄主细胞都保持存活。条锈病菌像其他活体营养的病原物一样,具有高度发展的寄生专化性。所谓寄生专化性就是指寄生物对寄主属、种的选择性,在锈病研究中,一直用于概括锈菌复杂的小种分化现象。

条锈病菌同其他锈菌一样,在长期进化过程中,已经完全丧失了进行腐生生活的能力,一旦寄主细胞和组织死亡,它们也随之停止发育并迅速死亡。因此,条锈病菌并不能脱离寄主而越夏或越冬。条锈病菌也不能利用培养基进行人工培养。

在许多历史文献和专著中,对小麦条锈病菌寄主范围有不同的描述,这主要是由于未能正确鉴定和区分专化型的缘故。现在已知的禾本科作物中,小麦条锈病菌在自然条件下侵染小麦和大麦(包括青稞),人工接种也可侵染黑麦,但不能正常侵染燕麦、玉米和水稻等。另有少数几种禾本科草在自然条件下也能感染小麦条锈病菌,但未见大片发病群落。

小麦条锈病菌生长、繁殖与侵染活动均需要较低的温度。菌丝生长和夏孢子产生的最适温度均为 $12℃\sim15℃$;夏孢子萌发最低温度为 $2℃$,最适温度为 $7℃\sim8℃$,最高温度为 $15℃$;侵入寄主的最低温度为 $0.5℃$,最适 $13℃$,最高 $19℃$。但冬孢子堆形成的温度则较高,最适为 $25℃$。另外,条锈病菌的发育和产孢都需要充分的光照。由于不同研究者所用试验方法或锈菌小种不同,上述数据会有一些变化,但总体趋势相同。

二、侵染过程

病原菌对植物的侵染过程也称为病程,是指从病原物与寄主植物接触、侵入到寄主植物发病的连续过程,可分为接触期、侵入期、潜育期和发病期等4个阶段。

(一)接触期

指病原菌接种体转移到植物易感部位,两者相接触的阶段。条锈病菌夏孢子随气流分散传播,然后着落在小麦叶片上,与叶面接触,开始侵染。在进行抗病性研究或抗病性鉴定时,多进行人工接种,即人为的将夏孢子置于叶片上。

条锈病菌的夏孢子释放含有几丁酶、酯酶等降解酶的黏附物质而固着在叶片上,并在叶面营养物质或物理因素的刺激下萌发,产生芽管。芽管具有顶端生长特性,多沿着与叶脉垂直的方向伸长,趋向距离最近的气孔,最后盘踞在气孔上,进而形成侵入结构。如同大多数病原真菌一样,条锈病菌夏孢子需在水滴中,或接近100%的高湿条件下才能萌发。在适温、高湿条件下,夏孢子着落叶面后几小时就可萌发。

有些小麦品种或育种材料,或者因为在时间上错过,而使叶片易感阶段与夏孢子着落不同步,或者由于空间因素的阻碍(如叶片多腺毛)使两者隔离,而不能形成有效接触,这就是避病现象。

(二)侵入期

从病原菌产生侵入结构进入植物,到两者建立寄生关系的阶段为侵入期。条锈病菌的侵入结构颇为复杂(图4),其芽管在气孔上方膨大,形成附着孢。附着孢下方产生纤细的侵入丝,进入气孔,在气孔腔内形成膨大的气孔下囊。气孔下囊又称为泡囊,有圆形、椭圆形、卵圆形或葫芦形等多种形状,尺度为25微米×20微米。气孔下囊生出1~3条初生侵染

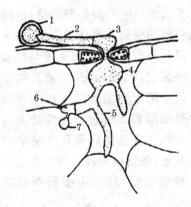

图4 小麦条锈病菌的侵染结构
1. 夏孢子 2. 芽管 3. 附着孢
4. 气孔下囊 5. 侵染菌丝
6. 吸器母细胞 7. 吸器

菌丝,向气孔腔周围的叶肉细胞生长,在叶肉细胞间隙扩展。少数气孔下囊尚形成较小的膨大体,由膨大体产生初生侵染菌丝。

初生侵染菌丝接触叶肉细胞后,前端分化产生初生吸器母细胞,附着在细胞壁上(图4,图5)。在吸器母细胞后方,初生侵染菌丝发生分枝,形成次生侵染菌丝,继续在叶肉细胞间隙蔓延。

吸器母细胞产生侵入丝,穿透叶肉细胞壁,在细胞内形成初生吸器。吸器位于细胞壁与原生质膜之间,并不进入原生质内。侵入丝穿透叶肉细胞壁的原理,可能是借助于高膨压所产生的强大机械穿透力,也可能借助于细胞壁降解酶的酶解作用,或者是两者协同作用的结果。

典型的吸器呈烧瓶状,具有细长的吸器颈和球形的吸器体(图6)。此外,也有炬形、"V"字形、椭圆形、腊肠形、多瓣形、串珠形或不规则形的吸器。有时1个寄主细胞有2~3个吸器共存。吸器

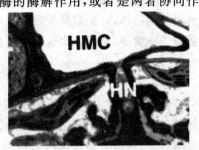

图5 小麦条锈病菌侵入叶肉细胞
HMC:吸器母细胞　HN:吸器颈

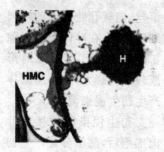

图6 小麦条锈病菌的吸器母细胞(HMC)和吸器(H)

外层为原生质膜和细胞壁,包围吸器的植物质膜已被改变,称为吸器外质膜,吸器细胞壁与吸器外膜之间为吸器外基质。次生侵染菌丝则继续产生次生吸器母细胞和次生吸器。吸器的形成标志着条锈病菌寄生生活的开始,条锈病菌侵入期由附着孢形成开始,到初生吸器形成为止。

在适宜的环境条件下,病菌侵入较快,条件不适宜时,侵入延缓。所谓适宜的环境条件,最重要的是较高的湿度、较低的温度和适宜的光照。条锈病菌的成功侵入,需要叶面有水膜(结露或喷水),且保持足够长的时间。适温下,最短保湿时间为5小时,保湿时间延长,则侵入率也相应增高。如前所述,侵入的最低温度为0.5℃,最适13℃,最高19℃。在最适温度下,侵入率最高,温度增高或降低,侵入率都有所下降。

另外,寄主和病原菌方面的诸多因素,如气孔的结构、数量和开闭习性,叶面蜡质层发达程度,夏孢子的生活力和叶面夏孢子密度等,对侵入率也有不同程度的影响。

(三)潜育期

潜育期也称为扩展期,是从病原物与寄主建立寄生关系开始,到表面症状出现之间的阶段。在人工接种试验中,为了观测方便,将潜育期规定为由接种到显症所需的天数。潜育期也是病原菌在植物体内扩展和致病的阶段。此时,病原物与寄主建立了寄生关系,即定殖成功,得以从寄主细胞中吸取水分和营养物质,能够持续在植物组织中扩展蔓延(俗称"侵染"),并对寄主植物造成损害。

许多研究者都推测吸器是条锈病菌或其他锈菌获取植物营养的器官。在对蚕豆锈菌吸器的研究中,已经从吸器特异性 cDNA 文库中,发现和鉴定出许多编码养分(氨基酸、糖类)输送子的基因,此类基因主要在吸器表达。应用免疫荧光电镜技术,已经将个别氨基酸输送子和葡萄糖输送子定位在吸器的质膜上。输送子的功能和基质专化性,已经通过其编码基因在酵母中的异源表达所证实。这些结果证实了吸器对于从寄主组织中吸收营养物质起主要作用。除了吸取养分,吸器还具有其他重要作用,已经发现吸器是维生素 B_1 的主要合成场所。另外,吸器还可能将病原菌的毒性蛋白质输入植物细胞。

条锈病菌是局部侵染的病原菌,次生侵染菌丝不断分枝,多次产生次生吸器母细胞和次生吸器,从侵入点向周围生长蔓延,形成菌落,进而分化出孢子堆。但条锈病菌与秆锈病菌和叶锈病菌不同,其扩展范围并不局限于侵入点周围。条锈病菌能够从已经形成的菌落外缘向周围扩展,在成株叶片中,因受到叶脉限制而沿叶脉扩展,陆续产生多个孢子堆。其扩展的范围,向上可蔓延到叶尖,向下可蔓延到叶基,甚至还能由叶基蔓延到叶鞘。

潜育期也是植物抗病性表达的主要阶段。大多数植物的防卫反应发生在病原菌侵入后,因而侵入的条锈病菌,并不一定能够正常定殖和扩展。在免疫的小麦品种中,条锈病菌完全不能定殖。在抗病品种中,条锈病菌的扩展受到不同程度的限制,表现为侵入点败育(扩展中断)、菌落减小、潜育期延长等现象。

在环境因素中,温度对潜育期的影响最重要。高温时潜育期较短,温度降低,潜育期延长。温度在1℃～2℃,即可有效潜育,高于28℃就可能出现抑制作用。有效积温积累到120度·日以上,才能度过潜育期而显症。此外,光照也有明显影响,光照较强或光照时间较长,潜育期较短。光照减弱,光照时间缩短,则潜育期延长。在冬小麦栽培区的自然条件下,冬季气温低,日照弱,日照时间短,潜育期长;春季条锈病流行盛期,气温升高,日照增强,日照时间加长,潜育期缩短。例如,在陕西关中,12月初至翌年1月中旬,潜育期最长,可达55天以上,而在5月上旬,潜育期最短,仅为6～8天。

(四)发病期

发病期是潜育期结束、植物表现症状(显症)的阶段。病原物的侵染消耗了植物的营养和水分,扰乱了植物的正常生命过程,引起了一系列生理病变,组织病变,以至表观形态发生了改变,表现出症状。条锈病最早的可见症状是叶面出现褪绿斑,俗称"花斑",随后出现黄色夏孢子堆。在适宜的环境条件下,一般接种后6～8天,叶面便可出现花斑而显症,10～14天孢子堆突破叶片表皮外露。

如上所述,条锈病菌并不局限于在侵入点形成夏孢子堆。在产生第一个孢子堆后,条锈病菌仍可继续扩展和增殖,陆续形成新孢子堆。以致在幼苗叶片上形成以侵入点为中心,多层轮纹状排列的夏孢子堆,条件适宜时,几乎每天出现一轮新孢子堆(彩图3)。在成株叶片上沿叶脉产生多个夏孢子堆,连成虚线状病斑,从两端双向扩展(彩图4)。条件适宜时,其两端每天都能出现一截新孢子堆,在感病品种上,其长度可达2.5～3.5毫米,因而由病斑长度,可大致回推开始发病的日期。

　　夏孢子堆产生大量夏孢子,覆盖夏孢子堆的表皮破裂后,夏孢子散出,随气流分散,又沉降在无病叶片上,引起再侵染,开始新一轮侵染过程。感病小麦品种每个夏孢子堆每天大约产生1800个夏孢子。另据试验表明,每天每平方厘米叶面可产孢36 000～40 000个,产孢延续日数可达15～25天。温度、湿度、光照、条锈病菌小种、小麦品种抗病性与植株营养状态等因素,对病斑扩展速度、产孢量和产孢期都有一定影响。

　　下面用一个接种试验的实例,对上述侵染过程做一简明的归纳。感病小麦品种幼苗叶片用涂抹法接种条锈菌夏孢子,保湿24小时后,移入生长箱内培养。气温保持在14℃～16℃,相对湿度为60%～80%,每天光照16小时。接种后6小时,叶面夏孢子萌发,芽管趋向气孔,在气孔上方略膨大,形成附着孢。接种后12小时,多数侵入气孔,在气孔腔内形成气孔下囊。气孔下囊产生初生侵染菌丝,向气孔腔周围的叶肉细胞生长,产生初生吸器母细胞。同时,初生侵染菌丝发生分枝,形成次生侵染菌丝,在叶肉细胞间隙继续蔓延。接种24小时内,吸器母细胞产生的侵入丝进入叶肉细胞,形成指状吸器原体,随后分化出细长的吸器颈和球形吸器体;在接种48小时内,单个侵入点平均有吸器母细胞1～3.3个;48小时后数量骤增,接种60小时后较48小时增加1倍多;72小时后增加9倍,吸器数目亦相应增加。次生菌丝不断分枝扩展形成菌落。菌落扩展有随机性,可产生4～6条向各方面扩展的主干分枝菌丝。接种48小时后菌落扩展显著加快,接种后第五天菌落线性长度达120微米以上,其中央部位菌丝密集,吸器母细胞和吸器很多,略呈垫状结构,可进一步分化成孢子堆。接种后第六天叶面出现花斑而显症,第十天形成夏孢子堆。

第三章 病原菌生理小种和寄生适合度

长期以来,人们利用生理小种的多样性来反映病原菌群体的毒性结构,主要利用生理小种鉴定的方法,来监测病原菌群体的毒性变化。早在1944年,国内就有人尝试利用小麦品种区分条锈病菌的生理小种,但全面开展生理小种鉴定工作,是在20世纪50年代碧蚂1号品种抗条锈性"丧失"之后。这项工作由中国农业科学院植物保护研究所牵头,会同国内10多家科研、教学单位,采用统一的方法,鉴定全国范围的生理小种类型,至今已有半个世纪了。生理小种鉴定主要是为抗病育种服务的,它提供生理小种类型和频率变化的信息,指导育种工作者合理确定育种目标和选用抗原。小种鉴定结果,还为合理使用抗病品种,实施品种布局,以及准确评价新育成品种、引进品种提供了依据。另外,小种变化趋势也是条锈病长期预报的重要依据之一,受到病虫测报部门的重视。

一、生理小种

(一)生理小种的概念

在病原菌的种内或专化型内,可以根据对不同品种的毒性,区分多数生理小种。所谓毒性是指病原菌小种对寄主品种的致病性。生理小种的概念,最早是由美国明尼苏达大学谷类病害研究室 Stakman 阐释的,他们提出如下的定义:生理小种是病原菌物种或变种内一个或一组生物型,可依据生理性状(即致病性)和某些生长特性准确而方便地将它们区分开来。植物病理学家和育种学家一直接受这一定义,并加以修订和引申,认为生理小种是病原菌种、变种或专化型内形态特征相同,但生理特性不同的类群,可以通过对寄主品种的毒性差异而区分开来。这些认识隐晦而强烈地显示出种下分类的意图。

但是,生理小种从来也没有被正式接受作为种下分类阶元。种群内部结构多样性,可以用不同的遗传标记表示,小种专化性所反映的只是毒性多样性。但小种间的毒性差异并不是通过遗传分析而了解的,而是由品种的抗病性表型间接反映出来的。由于所用品种数目有限,我们所了解的也并不是小种间毒性的全部差异,而只是研究抗病育种所希望了解的差异。

生理小种是人们出于实用目的提出的概念,对开展抗病育种和抗病性研究发挥了重要作用。在了解小种分化之前,人们虽然已经用病原菌的纯系接种鉴定品种的抗病性,但所得结果往往不确定,同一品种不仅异地异时的鉴定结果不同,就是同时同地的鉴定也不一定得出相同的结果。这样就难以对杂交子代进行鉴选,难以评价品种抗病性,难以进行植物抗病性遗传与病原菌致病性的遗传研究。

对生理小种的监测,保证了抗病育种工作的正常开展,得以源源不断地推出抗病品种,且使用抗病品种已成为农作物病害防治的主要手段。以小种为基础,进行抗病性与毒性的遗传研究,导致"基因对基因"规律的发现,为进一步开展抗病机制研究奠定了基础。

但是,小种的概念是有缺陷的。首先,生理小种的边界模糊而不确定。生理小种的定义并没有界定具有多大的差异才能被确定为小种。在实际鉴定过程中,植物病理学家往往倾向于使小种概念狭窄化,以至于病原菌的每一个基因型都可以是一个小种。因此,小种所反映的并不是菌株间广泛的生理差异,而只是个别毒性的差异。

小种的数目和类型取决于鉴别寄主所具有的抗病基因,因而小种概念并不是独立的。鉴别寄主不同,小种亦不相同,变换鉴别寄主,甚至只增添或撤除一个鉴别寄主,就有可能打乱整个体系。同一个名称的小种,若来自不同年代或不同地区,实际并不相同。对于像条锈病菌一类的双核体真菌,从理论上讲,针对每一个抗病基因,就有两个对应的病原菌基因型,一个具有匹配无毒基因,不能使之致病,另一个不具有无毒基因,可以使之致病。换言之,有两个小种,有 n 个抗病基因,就有 2^n 个小种。若按现已发现的小麦抗锈基因计算,小种数目将多达几十亿个。实际上,人们所针对的仍是数目有限的小种,其数目主要取决于抗病育种的需要和研究者工作的深度。

在多数情况下,人们并不了解小种的遗传背景,所涉及的基因数目不明,所具有的毒性基因也是未知的。两个小种之间可能有 1 个基因的差异,也可能有 n 个基因的差异。用于区分小种的基因只占其基因组很小一部分,同一名称的小种,基因型可能不同,而不同基因型的菌株,有可能被鉴定为一个小种。小种并不是遗传性均一的实体。简单的命名法还可能遮蔽小种间的遗传差异。

在对小种的遗传实质尚不明了的时代,人们广泛地采用这一概念。随着抗病性遗传研究的进展,在 20 世纪 70 年代以后,许多学者主张扬弃这一概念。有人指出"研究进展毫无疑问地表明,小种鉴定是不必要的"。有人感叹小种通常包含了几种概念,从而变得模糊不清了。但由于小种鉴定方便易行,鉴定结果还能满足当代抗病育种的需要,迄今人们并没有抛开小种概念,仍然在鉴定小种,但对小种鉴定方法做了不少改动,原因是现在还没有开发出更理想而实用的群体毒性监测办法。

(二)生理小种的鉴定方法

病原菌生理小种鉴定的基本方法,是将田间采集的病原菌样本(标样)接种到一套小麦品种(鉴别寄主),根据综合的毒性表现,判定该标样所属的小种。

1. 选择鉴别寄主 鉴定生理小种需要使用鉴别寄主,鉴别寄主是一套具有鉴别能力的品种或单基因系。我国所用的小麦条锈病菌鉴别寄主皆为小麦品种。鉴别寄主应有足够的遗传异质性,具有不同的抗病基因,对病原菌群体的毒性差异有区分能力。鉴别寄主应能代表生产上的推广品种和重要抗原亲本,以使小种鉴定结果有应用价值。鉴别寄主应为纯系,遗传性质应稳定,抗病反应与感病反应症状清晰,易于识别,对环境条件变动不敏感。

中国农业科学院植物保护研究所汪可宁和洪锡午等人在20世纪50~80年代,根据100多个条锈病菌菌系对200个小麦品种的致病性测定结果,选出了Trigo Eureka、Fulhard、碧蚂1号、保春L.128、西北54、西北丰收和Strubes Dickkopf等7个品种作为鉴别寄主。以后屡经补充和调整,现今这套鉴别寄主共包括24个品种(表8),近几年又增加了中梁17(马高利/抗引655//Ciemenp)、中梁22(含无芒中四血缘)和Moro(Yr10)作为辅助鉴别寄主,观察小种变异情况。

2. 鉴定程序 小种鉴定工作包括以下步骤。

表 8 中国小麦条锈菌主要生理小种在鉴别寄主上的反应

鉴别寄主	条中1号	条中2号	条中8号	条中10号	条中13号	条中17号	条中18号	条中19号	条中20号	条中21号	条中22号	条中23号	条中24号	条中25号	条中26号	条中27号	条中28号	条中29号	条中30号	条中31号	条中32号
Trigo Eureka	R	S	R	R	S	S-R	R	R	R	S-R	S	S	S-R	S-R	S-R	S	S	S	S	S	S
Fulhard	R	S	S	S	S	S	R	S	S	S	S	S	S	S	S	S	S	S	S	S	S
碧蚂1号	S	R	R	S	R-	S	S	S	S	S	S	S	S	S	S	S	S	S	S	S	S
保加利亚 L.128	S	R	S-R	R	R	R	S	R	R	S	S	S	S	S	S	S	S	S	S	S	S
西北丰收	S	R	R	S	R	S	S	S	S	S	S	S	S	S	S	S	S	S	S	S	S
西农54	S	R	R	S	R	S	S	S	S	S	S	S	S	S	S	S	S	S	S	S	S
玉皮	R	R	R	R	S	S	S	S	S-R	S	S	S	S	S	S	S	S	S	S	S	S
南大2419	R-S	R	R	S	S	S-R	R-S	S	S	S-R	S	S	S	S	R	S	S	S	S	S	S
甘肃96	R	R	R	S	S	S	S	S	R	R	R	R	S	S	S	S	S	S	S	S	S
维尔	R	—	R	R	—	R	R	S	R	R	R	R	S	S	R	S	S	S	S	S	S
阿勃	R	R	R	R	S	S-R	S	S	S	R	R	R	S	S	S	S	S	S	S	S	S
早洋	R	R	R	R	S	S	R-	S	R	R	R	R	S	S	R	S	S	S	S	S	S
阿夫	R	—	R	R	S	R	R-S	S	S	S-R	R	R	S	S	S	S	S	S	S	S	S

续表 8

鉴别寄主	条中1号	条中2号	条中8号	条中10号	条中13号	条中17号	条中18号	条中19号	条中20号	条中21号	条中22号	条中23号	条中24号	条中25号	条中26号	条中27号	条中28号	条中29号	条中30号	条中31号	条中32号
丹麦1号	R	—	R	R	R	R	S	S	R	S-R	S-R	S	R	S	S	S	S	S	S	S	S
尤皮Ⅱ号	R	—	R	R	R	R	R	R	R	S	S	R	R	R	R	S	R	R	R	R	S
北京8号	R-S	R	R	R-S	R-S	S	S	S	R	S	S	S	R	S	S	S	S	S	S	S	S
丰产3号	R	—	R	R	R	R-S	R-S	S	S-	S	S	S	S	S	S	S	S	S	S	S	S
洛夫林13	R	—	R	R	R	R	R	R	S	S	S	S	R	R	R	R	S	S	S	R	S
抗引655	R	—	R	—	R	R	S	R	R	R	R	R	S-	R	S-	R	S	S	S	R	S
泰山1号	R	—	R	—	—	S	S	S-R	R	S-R	S-R	S-	S-	S-	S-	S	S	S	R	S	S
水源11	R	—	R	R	—	R	R	R	R	R	R	R	R	R	R	S	R	R	S	R	S
中 四	R	—	R	R	—	R	R	R	R	R	R	R	R	R	R	R	R	R	R	R	R
洛夫林10	R	—	R	R	—	R	R	R	R	R	R	R	R	R	R	R	S	R	S	S	S
Hybrid46	—	—	—	—	—	—	R	R	R	—	R	R	R	R	R	R	R	R	S	S	S

注:R表示抗病,S表示感病

(1)病叶标样采集 标样就是在田间采集的发病叶片,编号保存,用于接种鉴定。标样应由不同地区、不同生态条件的麦田和不同品种采集,应有代表性。每年春季条锈病发生时,在我国各地小麦栽培品种麦田、区域试验品种麦田、原始材料圃及小麦品种抗锈性变异观察圃中采集。夏季则在锈菌越夏地带的晚熟小麦和田间自生麦苗上采集,晚秋在早播冬麦区大田采集。尽量采摘病斑不相连的新鲜病叶,展平后装入纸袋中,让病叶迅速脱水,制成蜡叶标本。标样须注明采集时间、地点、品种名称等。

(2)菌种繁殖 用高感品种铭贤169(未发现有抗条锈病基因)盆栽1叶期幼苗繁殖菌种。接种前将标样病叶置于二重皿中保湿处理10小时左右,使之新生夏孢子,然后用涂抹法接种幼苗叶片。涂抹法接种先要用手指蘸水抹去叶面蜡粉,或喷布0.01%吐温20溶液,然后用扁头接种针将孢子从标样叶片刮下,蘸水涂抹于叶片上。喷雾后在6℃~13℃下保湿24小时,然后移入温室培育并加罩玻璃筒隔离。

(3)接种鉴别寄主 备好全套鉴别寄主的一叶期幼苗,用各标样繁殖的菌种接种。接种后喷以细雾,在6℃~13℃下保湿24小时,然后移入温室培育。温室温度控制在14℃±3℃,每天光照10~14小时。

(4)发病调查记载 各鉴别寄主充分发病后,进行发病记载。主要判定记载反应型,附记病叶数和严重度。

(5)小种和新小种的确定 依据发病记载,用各鉴别寄主的反应型与模式小种的反应比较,即可判定标样所归属的小种类型。若不能确定,则需重复鉴定。若某一鉴别寄主上出现抗、感不同的反应型时,应分别进行菌种分离后再鉴定,必要时需进行单孢子分离鉴定。

若发现某标样在鉴别寄主上的反应与已知小种不同时,有可能为新类型,需重复测定和甄别。先从表现特异反应的鉴别寄主上分离菌种,重复接种核实。若仍呈特异反应,则分离单孢子菌系。用单孢子菌系接种鉴别寄主鉴定,并分别在不同温度(11℃、15℃、17℃~18℃)下鉴定,若在各种温度下,特别是在较高温度(17℃~18℃)下仍表现稳定的特异反应,则可认定为新类型。我国仅对有重要流行潜势的新类型予以小种编号。所发现的新类型尚需在甘谷、杨凌、成都和北京等地进行成株期分小种圃鉴定,以了解对我国主要栽培品种和重要抗原的成株致病特点,若确与已知小种有重要区别,且构成严重威胁,经全国生理小种鉴定协作组协商后,确定为新小种,统一编号命名。

(6)菌种保存　叶片出现孢子堆时用玻璃筒或有机玻璃筒套在苗上。再过数日至充分发病后,即可收集孢子。收集到的孢子置于小玻管内,用脱脂棉塞好,写上收集日期及小种名称,放到下置硅胶的干燥器里,再将干燥器放在冰箱里,在0℃~5℃下保存备用。如果需要保存时间更长,则将孢子放在安瓿瓶内,抽成真空,封闭后置于冰箱内保存。也可将孢子封于厚壁玻璃管内,置于液氮罐中保存。

3. 生理小种命名和鉴定结果分析　生理小种命名并无统一的规则,各国采用自定的适宜办法,诸如顺序编号法、代码命名法(加感法、加抗法)、毒性公式法等。我国小麦条锈病菌小种命名采用以"条中"冠名,顺序编号的办法,暂未命名的称为"致病类型",将具有共同致病特征的小种和致病类型统称为致病类群。为了与国际上小麦条锈菌生理专化研究结果相比较,现在也同时采用国际小种命名方法,即二进制法。

每年依据各单位小种鉴定结果,汇总得出全国和各省发生的小种数目及各小种出现频率,找出优势小种和危险性稀有小种。对重要栽培品种和抗原材料,还可分别计算出毒性菌株出现频率。依据这些资料来总结小种变化规律、分布特点以及重要小种类型的毒性特点与发展趋势。

(三)我国小麦条锈病菌的生理小种

从1957年至今,我国共命名了32个小种,其中较重要的有条中1号、8号、10号、13号、17号、18号、19号、22号、23号、25号、26号、27号、28号、29号、30号、31号、32号等18个小种和40多个不同的致病类型。我国主要小种的毒性与国外小麦条锈病菌代表性菌系的毒性有很大差异,表明小种是独立演化的。

随着小麦栽培品种的更替,优势小种也屡有变动。1957~1962年条中1号和8号小种占优势,1963~1966年优势小种是条中1号和10号,1971~1979年条中17号在华北平原和陕西关中占优势,条中18号和19号小种是甘肃、四川、云南、青海和陕南的优势小种。条中19号后来还成为全国的优势小种。条中19号是一个复杂的群体,由它又分化出了条中23号、24号、25号和26号等小种。1980~1985年间条中23号、25号和26号成为优势小种。1986~1990年间对$Yr\ 9$有毒性的条中29号上升为优势小种。以后洛13和洛10类群成为主体。

20世纪90年代以后在四川、甘肃等地先后发现条中30号、31号小种和32号小种(Hybrid46类型3),相继成为优势小种。条中30号、31号小种在90年代初期就已出现,至1997年上升为优势小种。条中32号小种于2000年在甘肃省已居首位,2001年在全国各地采集的标样中,出现频率也首次居首位。条中32号小种毒性谱较宽,适合度亦较高。

当前我国条锈病菌的优势小种和致病类型有条中32号、水源11-14、水源11-4等。Hybrid46类群频率逐渐下降,水源11类群逐渐上升,水源11-4出现早于水源11-14,但水源11-14频率上升较快,有望成为今后的优势致病类型。另外,在陕西省还发现了使中四致病的新菌系,亦需注意。

几十年来,我国条锈菌生理小种的毒性谱越来越宽,毒性基因组成也越来越复杂。小种的变动主要取决于小麦品种的选择性和本身的适合度。哺育品种推广越快,栽培面积越大,其匹配小种发展也越快,有可能成为优势小种。一般说来,小种的多样性反映了抗病基因的多样性。推广使用了某一新抗病品种(抗病基因),就可以预期匹配新小种的流行。

在我国条锈病菌生理小种鉴定中,在陇南和川西北地区屡次发现新小种。条中13号、17号、18号、19号、21号、22号、27号、28号、29号、30号和31号的发现,都属于这种情况。新小种从被发现,到发展成为东部冬麦主产区的流行小种,一般要经过3~5年。这可能是由于上述地区存在条锈病菌,既能越夏,又能越冬,自成循环的地带,从而有利于条锈病菌变异菌株和新类型的保存与积累,因而有人将陇南、川西北等地区称为条锈病菌"易变区"和新小种的策源地。

二、寄生适合度

适合度是群体遗传学的重要参数。条锈病菌只能在小麦上寄生,因而寄生适合度就成为决定其生存能力的重要特性。

(一)基本概念

病原菌的寄生适合度是其寄生和侵染植物阶段的适合度,病害系统是由多品种-多小种(菌系)组成的,寄生适合度就成为寄主和病原菌两者综合决定的寄生和发展能力。人们实际研究和测定的是相对寄生适合度,即在一定的时间、一定的环境和一定的寄主条件下,病原寄生物基因型或小种相对的存活能力。通常病原菌经受某种选择压力,若用选择系数(s)表示选择压力的强度,则相对寄生适合度(W)可表示为:

$$w = 1 - s$$

小种的相对寄生适合度表明在一定环境条件下,该小种相对于其他小种的繁殖和生存能力。小种适合度的研究结果,可以直接用于预测各小种的消长趋势,为抗病育种和品种布局提供科学依据。

(二)测定方法

商鸿生(1985)曾将测定相对寄生适合度的方法归纳为4类。

第一,精密测定被比较的病原菌小种或菌系在寄主感病品种上的孢子产量。

第二,将被比较的小种孢子等量混合后继代接种寄主感病品种,若干代后分析比较群体中各小种所占的比率。

第三,由田间病害增长的表观侵染速度(r),估计选择系数s。

第四,由田间毒性小种频率降低的实况计算s值。

一般说来,第一种方法实际上是根据病原菌的相对寄生适合度属性来估计其适合度。病原菌相对寄生适合度属性包括孢子叶面萌发率、侵染率、菌落扩展速度、潜育期、潜伏期（从接种到产孢所经过的天数）、产孢期、夏孢子堆密度与长度、产孢强度等性状。这些性状反映了病原菌从孢子萌发开始，经侵入、扩展和繁殖诸阶段，至孢子释放整个侵染过程中的寄生能力。通过对这些属性的测定，可以估计病原菌表型的相对寄生适合度。第二种测定方法是通过小种混合和多代接种，以群体中各小种频率的变化来估计其相对寄生适合度。小种混合比例、寄主品种遗传背景、培养条件，特别是供测小种间的相互作用都会影响试验结果。第三种方法的合理性尚在研究中。第四种方法所用的一些群体参数没有实测值，只能估计，因而所得结果只有参考价值。

曾士迈（1996）根据推理论证和模拟试验，以小麦条锈菌为例，系统探讨了多品种—多小种系统植物病原菌寄生适合度测定方法。他所比较的测定方法有以下 3 种。

1. 病菌相对增殖率法 该法在同一环境和接种条件下，以单病斑产孢量最大的品种—小种组合为对照，计算各品种—小种组合的相对产孢量，作为小种相对寄生适合度的估测值。

2. 病害相对增长率法 试验田无外来菌源干扰，分设小种圃。在接种代发病后，以综合病情指数最大的组合为对照，计算各品种—小种组合的相对综合病情指数，作为小种相对寄生适合度的估测值。

3. 相对 r 值法 试验田无外来菌源干扰，分小种设方块圃，以方块圃中表观侵染速率（r）最大的组合为对照，计算各品种—小种组合的相对 r 值，作为相对寄生适合度的估测值。

论证和模拟试验结果表明，采用相对 r 值作为寄生适合度的量化指标是可行的。相对 r 值可以采用分小种方块圃法或根据田间病情直接测定,也可采用分小种短行圃法进行间接测定,即根据流行组分(侵染概率或侵染效率、潜育期、病斑扩展速度、产孢量和传染期等)观测数据或反应型、普遍率、严重度和潜育期的记载,通过模型模拟推算出相对寄生适合度。间接测定法较易操作,但它要求有一个相当可靠的流行模拟模型,并在模拟中选用适当的环境条件。根据反应型、普遍率、严重度和潜育期推算和模拟寄生适合度,是较简便的间接测定方法,此法可利用品种抗病性分小种鉴定的数据来推算寄生适合度。

(三)测定结果

20世纪90年代以来,国内一些研究单位陆续进行了条锈病菌寄生适合度测定,其结果为了解主要小种的变动特点和预测其发展趋势提供了依据。现以张传飞等(1994)的测定结果为例,略加说明。该测定以当时的流行小种条中22号、23号、25号、27号、28号和29号为对象,解析了在苗期常温、苗期低温和成株期等不同条件下诸小种的主要寄生适合度属性。

苗期常温测定的温度范围为14℃~18℃,平均为16.5℃。主要小种间7个相对适合度属性的差异均极显著。除叶面孢子萌发率外,其他属性的品种间差异以及小种与品种间的相互作用差异亦极显著(表9)。

主成分分析结果表明,主成分1的贡献率为45.62%,主成分2为26.64%,主成分3为20.22%,前3个主成分的累计贡献率高达92.48%。主成分1主要由x_7(产孢强度)和x_6(产孢期)所决定,代表条锈菌的产孢能力(繁殖力);主成分2主要由x_4(夏孢子堆长度)和x_5(夏孢子堆密度)所决定,代表条锈菌对小麦叶片的侵染能力或扩展能力;主成分3主要由x_1(叶面孢子萌发率)所决定,代表条锈菌夏孢子的生活力。诸小种产孢能力由强到弱的顺序为条中22号>29号>26号>23号>25号>28号>27号,侵染能力排序为条中29号>22号>23号>25号>26号>28号>27号,孢子生活力排序为条中26号>29号>28号>27号>22号>25号>23号。综合评价以29号,22号和26号相对适合度较高,28号和27号较低,其他小种居中。

表9 小麦条锈菌各生理小种的寄生适合度属性

(张传飞等,1994)

生理小种	叶面孢子萌发率x_1(%)	花斑数x_2(个/叶)	潜伏期x_3(d)	夏孢子堆长度x_4(mm)	夏孢子堆密度x_5(个/cm²)	产孢期x_6(d)	产孢强度x_7(g/m²)
条中22号	50.9	9.5	14.9	3.2	119.6	22.4	7.99
条中23号	59.7	13.9	15.3	3.3	123.6	23.2	4.97
条中25号	44.7	16.7	13.5	3.1	106.8	22.4	6.23
条中26号	71.0	10.1	15.4	3.4	100.1	22.2	6.69
条中27号	48.4	17.9	12.5	3.4	82.8	24.1	4.00
条中28号	53.2	15.7	13.2	3.4	94.5	24.5	4.15
条中29号	50.3	9.4	11.5	3.5	149.2	23.3	6.37

注:供测小麦品种为小偃6号、里勃留拉、咸农4号、农大198、76172-22-1-10-5等,表中数字为平均值

苗期低温测定在10℃生长箱中进行,测定了诸小种6个相对寄生适合度属性,总体观察,以条中26号和29号相对寄生适合度较高,25号和28号较低。

在各品种成株期,旗叶接种测定了诸小种潜伏期、产孢期

和夏孢子堆长度等 3 个属性，结果在日均温 18.6℃ 的条件下，潜伏期以条中 25 号最长(17.3 天)，26 号最短(13.9 天)，条中 28 号、29 号和 23 号的潜伏期差异不明显。夏孢子堆长度以条中 26 号最长，25 号最短。在日均温 21.5℃ 条件下，产孢期以条中 25 号最短(23.7 天)，26 号最长(30.1 天)。综合评价以条中 26 号成株期适合度较高，25 号偏低。测定结果表明，各生理小种最重要的寄生适合度属性为其产孢能力(繁殖力)，其次为侵染能力和孢子的生活力。由于控制各属性的遗传基础不同，不同小种优势属性可能不同，因而比较各生理小种或变异菌系的寄生适合度时，应当全面评价其各个适合度属性。

该测定结果可以解释为什么当时多个锈菌小种并存，优势小种不明显这一特殊现象。20 世纪 70 年代后期以来尽管存在大面积哺育品种，而没有一个小种出现频率超过 50%。条中 25 号、27 号、28 号和 23 号等小种未能发展起来，主要是因为其寄生适合度低。条中 26 号和 22 号适合度较高，在大面积种植其哺育品种的省份出现频率也较高，如在陕西关中，条中 26 号出现频率曾高达 49.5%。其次，研究结果还可用于预测优势小种。条中 29 号在常温和低温下寄生适合度都很高，根据这一结果，并考虑到该小种对当时推广的洛类小麦品种有毒性，尽管 1986 年其出现频率仅为 3.65%，1987 年为 9.5%，仍预测 29 号将成为我国条锈菌优势小种，而同样对洛类小麦品种有毒性的条中 28 号因其适合度低，不可能发展起来。

第四章 小麦条锈病的发生规律

一、周年发生过程

植物传染性病害的发生发展,又称病害的流行,它包括在时间上的延续和在空间上的扩展两个方面。在各生长季节发生的第一次侵染,称为初侵染。初侵染病株产生接种体,又再次分散传播,接触植物,发生再侵染。条锈病菌在一个生长季中能够连续繁殖多代,发生多次再侵染,在有利的环境条件下病情发展很快,具有明显的由少到多、由点到面的发展过程。病害周年发生过程也称为"病害循环",是指一种病害从前一生长季节开始发病,到后一生长季节再度发病的过程。条锈病典型的周年发生过程包括越夏、秋苗发病、越冬与春季流行等4个阶段。

农作物收获后,病原菌需要越夏或越冬,即以腐生残存或休眠的方式保存自己,度过没有寄主的时段,然后得以侵染下一季作物。条锈病菌实际上在长期的演化过程中,已经丧失了越冬或越夏的能力,既不能以残存的营养体或繁殖体脱离寄主而存活,也没有有效的休眠体。条锈病菌只能在小麦上生存和繁殖。因此,通常所说的条锈病菌"越夏"或"越冬",实际上是一种约定俗成的提法,指条锈病"夏季在何处侵染发病"或"冬季在何处侵染发病"。条锈病菌的越夏和越冬是在异地完成的,条锈病菌的夏孢子能够随气流(风)远距离传播,最远可传播数百千米乃至数千千米,从而可以在大的范围内辗转传播,周年发生。这种依靠远距离异地菌源的流行态势又称为"异地流行"或"大区流行"。本节以西北地区的情况为主,介绍小麦条锈病的周年发病过程。

(一) 越 夏

小麦趋近成熟,叶片逐渐干枯,病叶片内大量的条锈病菌菌丝体因营养枯竭而逐渐停止生命活动,病残体上和环境中的夏孢子,也因不耐夏季高温而逐渐死亡。

据测定,当大气相对湿度为40%时,夏孢子的存活天数随温度升高而剧降。存活时间为:在0℃下433天,5℃下179天,15℃下47~89天,25℃下10余天,36℃下2天,45℃下仅存活5分钟。当相对湿度上升到80%时,高温下夏孢子存活期限更短。在我国东部和西部低海拔地区,夏孢子不可能残存越夏。在平原和低海拔山区的夏季自然条件下,夏孢子一般只能存活20~30天,最长也不超过40天,而小麦自夏收到秋苗出土,最短也有60余天的间隔,多数地方间隔80~90天,最长达130天。

因此,在炎热的夏季,条锈病只能在比较凉爽的高海拔地区发生。换言之,条锈病只能连续侵染高原、高山地区的晚熟冬麦、晚熟春麦和自生麦苗而越夏。

限制小麦条锈菌越夏的主要环境因素是温度。在陇东、陇南和条件类似的地区,7月下旬至8月上旬是夏季最热的时期,若旬均温低于20℃,又有越夏寄主,条锈病菌就可以顺利越夏;旬均温22℃~23℃,虽仍可越夏,但已很困难;旬均温高于23℃,就完全不能越夏。因此,可把旬均温22℃~23℃确定为小麦条锈病菌越夏的温度上限。

本书在许多章节引用了温度指标,往往不同研究者报道的结果,并不能相互比较,在此对"温度"多说几句。历史文献中关于温度的概念相当混乱。在一些室内试验中,所谓温度或气温多是人为控制的恒定温度,但也有一些是试验期间的平均温度,且多未指明其变异幅度或计算方法。田间温度的表述更不规范,所指是即时温度还是平均温度,是日均温、旬均温还是月均温,是当年的数据,或多年平均温度,往往不得而知。关于温度数据的来源,有些也未写明是自行观测的,还是引用气象站点的。若是自行观测的,所用仪器是否经过校正,方法是否规范,若是引用气象站点的,是否具有代表性,是否适用往往也不得而知。

在我国西部条锈病菌越夏地区,地形地势非常复杂,越夏地带与基层气象站点并不同位。笔者曾试图自行实测越夏地带的气象要素,但因人为原因而未能实现。应用气象站点的气温数据起码应进行高度校正,但即使做了此项校正也不一定适用。依据气象站点地面观测的气温数据,回推越夏区的范围,误差是相当大的。

由调查可知,各地所处纬度和小麦栽培的海拔高度不同,小麦条锈菌能够越夏的海拔高度也不相同,大致是纬度越低,下限高度就越高。在内蒙古乌盟高原条锈病菌越夏的高度下限为海拔 1 200～1 400 米,晋西北高寒山区为 1 300 米左右,陇东高原为 1 300～1 400 米或稍高,渭河上游为 1 500 米,陇南南部为 1 600 米,甘肃洮岷一带为 1 600～1 650 米。青海东部晚熟春麦越夏区最低海拔高度为 1 700 米,故不存在越夏的高度下限问题。

越夏寄主主要有晚熟小麦与自生麦苗。晚熟小麦主要是晚熟春麦,晚熟冬麦栽培较少。除了温度因素以外,条锈病菌有效越夏的另一限制因素是菌源能否与寄主衔接。凡在一个局部地区内,小麦栽培高度相差较大,海拔较低处的早熟小麦自生麦苗出土后,海拔较高处尚有未发病的晚熟小麦,则自生麦苗就可以从晚熟小麦获得条锈病菌,使条锈病得以延续,形成越夏基地。调查表明,凡晚熟小麦与自生麦苗重叠生长达30天以上的地方,条锈病菌就可以顺利越夏,否则条锈病菌即使能够在晚熟小麦上度过最热时期,也难以保存。

晚熟春麦多数栽培在2 300～2 900米的高海拔地区,至9月初以后收割,有的更晚至10月上中旬。晚熟春麦栽培比较集中,播种密度也较高,在发生条锈病后,本能够提供大量菌源,但因主要分布在青海、甘肃高寒山区,距离早播冬麦区较远,冬小麦出苗后,晚熟春麦已趋成熟,条锈病菌产孢能力急剧降低,菌量大大减少。除了对秋分前播种的冬小麦外,晚熟春麦为冬小麦秋苗提供菌源的作用不会很大。其主要作用是提供菌源,侵染海拔1 400米以上,特别是1 600～2 000米高度的冬、春麦自生麦苗,以及侵染延迟至夏末秋初出土的自生麦苗。这就使越夏菌源辗转保存,度过夏季,侵染秋苗。

越夏地区落地麦粒自然长出的麦苗,称为自生麦苗。按出土先后,可区分为晚熟冬麦夏季自生麦苗、春麦夏季自生麦苗、春麦秋季自生麦苗等几种。自生麦苗是最重要的越夏寄主。越夏地区的麦茬地、路边、场边等处都有自生麦苗生长,其中以麦茬地面积最大、自生麦苗数量最多。麦茬地又分为复种地与休闲地两类。复种麦茬地因小麦收割早,后作荞麦、糜子、蔬菜、马铃薯等播种及时,自生麦苗出土早,密度大,发病也较早、较重。休闲地多进行1～2次伏耕,又遭牲口啃食,自生麦苗出土较晚,密度较低。因此,复种地提供的条锈病菌孢子数量通常多于休闲地(表10)。

另外,自生麦苗提供菌源数量还取决于品种抗病性和发病条件。凡自生麦苗高度感病,当季雨露条件好,发病重,提供的菌源就较多。据在天水地区调查,7~8月份的降水量高于240毫米的年份,越夏菌量明显增多。降雨多不仅有利于发病产孢,而且降雨多的夏季,气温也较低,条锈病菌越夏高度下移,越夏区域扩大,降雨还促进自生麦苗出土,使自生麦苗密度增高,这一切都使越夏菌量增多。

表10 甘肃南部小麦自生麦苗发生情况

(姜瑞中、商鸿生等,1993)

地点		田块类型	海拔高度(米)	苗龄	平均密度(株/米^2)
陇海市	文县	休闲地	2050	2叶	6
		复种荞麦等	1500~1900	1~4叶	21.6
	西和县	休闲地	1520~1750	2~3叶	2.7
		复种荞麦	1520~1550	2~3叶	0.5
		麦场	1530	2叶	200
	武都县	休闲地	1530~1850	2~4叶	29
		复种蔬菜	1530	4叶	136
甘南州	迭部县	复种荞麦	1775~1840	2~3叶	2.6
	舟曲县	复种荞麦	1750	3叶	14.6
		复种玉米	1460~1550	3~5叶	46.2
		复种油菜	1460~1660	3叶	5
临夏州	临夏市	休闲地	1850	3~4叶	99
		复种马铃薯	1990	4叶	31.2
	临夏县	休闲地	1880	2~4叶	39.1
	和政县	休闲地	2050	3叶	50
		复种蔬菜	2150	2叶	124.3

晚熟冬麦自生麦苗多分布在陇东 1 400 米以上,陇南 1 500 米以上和具有类似条件的其他地区。在海拔较高地区,自生麦苗可供条锈病菌直接寄生越夏。分布在海拔 1 200～1 400 米地带的自生麦苗,可以在夏末或秋初接受越夏菌源侵染,构成进一步侵染早播冬麦的菌源基地。秋季条锈病菌就转移到早播冬麦秋苗上继续流行。

春小麦夏季自生麦苗分布于海拔 1 600 米以上地区,是当地春小麦收获后,在夏季出土的自生麦苗,可供条锈病菌直接寄生越夏,秋季向早播冬麦上转移。

在 8 月份和此后收获的春麦落地麦粒,遇雨也可以萌发,长出自生麦苗,这就是春麦秋季自生麦苗。其分布地带海拔更高,靠近晚熟春麦,有利于菌源衔接,发病较重。在晚熟春麦上越夏的条锈病菌,转移到这类自生麦苗上,就可以保存到 10 月中旬以后。

另外,在 20 世纪 50 年代以来的越夏调查中,还发现越夏地区野生禾本科草和黑麦发生条锈病,已多次进行了病原菌鉴定和交互接种试验,但因存在专化型或小种专化性,所得结果不能相互认证。由于没有发现大面积发病群落,即使这些个案确为小麦条锈病菌,对条锈病流行也无重要意义。

综上所述,我国条锈病菌是以夏孢子世代持续侵染的方式,在高海拔地区晚熟小麦或自生麦苗上越夏。经历过旬均温最高时期的病株,所产生的孢子称为直接越夏菌源;接受直接越夏菌源的自生麦苗,在度过最热一旬后,陆续发病而产生的病菌,称为间接越夏菌源。此后形成的越夏病菌又相继侵染早播冬麦秋苗,条锈病菌得以保存和大量扩增。早播冬麦秋苗发病后就形成巨大的菌源基地,才有足够的菌量,得以远距离传播,有效地传染广大冬小麦地区的秋苗。这种越夏菌源辗转传播、保存和扩增的路径如图7所示。早播冬麦区是条锈病菌菌源存续和大量扩增的中间环节,也被称为向冬麦区传播的"桥梁地带"。

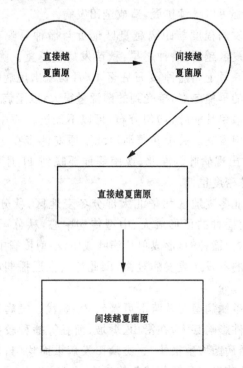

图7 小麦条锈病菌越夏菌源传播和扩增路径

(二)秋苗发病

小麦条锈病菌越夏夏孢子随气流传播到冬麦区,落到秋苗叶片上,遇到适宜的湿度、温度条件,便可侵染秋苗。秋苗发病始期一般在播种后1个月左右。麦田中首先出现零星分散的单片病叶(早期文献称为"单病叶片"),密度很低,多在十万分之一至百万分之一,甚至更低。发病早的单片病叶产生夏孢子,进行再侵染,病叶增多,发展成为传病中心。有些地方传病中心可以继续扩展,造成全田发病。

秋苗发病程度与距离越夏区远近与播种早晚有密切关系。距越夏区越近,播种越早,秋苗发病就越重。陇东、陇南早播麦田9月上旬播种,9月底至10月初就出现病叶。邻近越夏地区的早播冬麦,接受到的菌源量很大,以至病田一开始就出现多数单片病叶,均匀分布,可以不经过传病中心阶段,就造成全田发病。关中和黄河以北平原麦区多在10月份至11月份才出现病叶。淮北、豫南等地要晚到11月份以后才发病,病株密度也低。

在西北冬麦地区和华北大部分冬麦地区,秋分(9月23日左右)前播种的可形成大、中型传病中心,秋分至寒露(10月8日左右)播种的,形成单片病叶或中、小型传病中心,寒露以后播种的不发病或发病轻微,因此适当推迟播期可以减轻秋苗病情。

小麦条锈病菌在秋苗上可繁殖2～3代。发病程度受麦田生态条件影响甚大,在沿山、塬坡、河谷等播种较早的低洼湿地,条锈病菌增殖很快,这类病田发病重而均匀,常连成一片,形成秋苗发病和锈菌越冬的基地。

(三)越 冬

在平均气温降低到$1℃～2℃$后,条锈病菌就进入越冬阶段。夏孢子在北方自然条件下存活时间多不超过35天。条锈病菌主要以侵入后尚未显症的潜育菌丝在麦叶组织内越冬。只要麦叶未被冻死,条锈病菌就能越冬,但潜育期延长。

在温度稍高,湿度较大的的地带,冬季病情甚至还可能有缓慢的发展,因而条锈病菌的越冬方式并非是严格的休止越冬。

气温降低到 6℃～7℃后,条锈病菌仍可侵入麦叶,但侵入后有效积温不能积累到 120 度·日以上,冬前不能显症,而以潜育病叶进入越冬。据在北京一带观察,越冬病叶多是冬前最后长出的两三个叶序的叶片,即正常播期麦苗主茎第五、第六叶,第一分蘖的第二、第三叶,第二分蘖的第一、第二叶片。这些叶片的生理年龄较小,越冬后往往只有叶尖被冻,而叶基部仍能生长,一直存活到 4 月上旬。这些叶片的基部是条锈病菌适宜的潜育越冬处所。其他秋季生长的叶片,不论被侵染后已产孢,或是尚处于潜育期,在冬季被冻死或返青后很快衰亡,都不适于条锈病菌越冬。

在陕西关中,潜育病叶在冬季若遇到阴雨有露天气或处于温、湿度条件较好的小气候环境,仍然可以显症产孢,进行再侵染。条锈病菌夏孢子耐寒性较强,孢子萌发后,虽经一夜冰冻,但翌日白天温度升高后,芽管仍可继续生长,这一特点有利于冬季侵染。关中越冬期长达 70～100 天,但因有冬季再侵染,越冬期内仍可不断出现病叶,有利于越冬菌源的保存。

冬季病叶症状常出现多种异常。在陕西关中,12月上旬多数已显症病叶,在孢子堆周边出现枯斑,到 1 月份已显症病叶就不再产孢,而只残留越冬斑。据前人描述,在已被侵染的叶片,侵入点先颜色变浅,然后缓慢长出孢子堆,孢子堆周围有明显枯死组织。气温降低到 2℃ 左右,在叶片上仅出现白色小斑,边缘不整齐,称为"花斑"。气温低至 $-5℃ \sim -6℃$ 后,还会出现枯死部分变黄的"黄斑"和质地僵硬的"枯斑"。同一发病部位有时可出现两种以上的病斑类型,如中心部分为黄斑或枯斑,外缘为花斑或黄斑等,这类病斑被称为"扩大斑"。在关中地区,冬前病叶和冬季形成的各类病斑,抗寒性弱,条锈病菌多不能借以越冬。只有在受冻程度较低时,冬季病斑才能在边缘残留部分活组织,进一步发展成"扩大斑",能够成为冬后菌源。但这种情况所占比率甚低。因此,只有潜育病叶才是主要越冬形式。

我国东部小麦条锈病菌的越冬界限,大约可沿黄陵(陕西)—介休(山西)—石家庄(河北)—德州(山东)划线,该线以南地区可以越冬,以北地区一般不能越冬。也有人认为北部界点在北京一带而不是山东的德州。在黄淮海平原南部及其以南各地,诸如四川盆地、鄂西北、江汉平原、陕南等地区,条锈病菌在冬季可以正常侵染和繁殖,不存在休眠越冬问题。

影响越冬的首要因素是温度,特别是1月份气温。甘肃省植保所曾将条锈病菌越冬的临界温度确定为1月份平均气温$-6℃\sim-7℃$,低于该温度界限,条锈病菌就不能越冬。但若麦田覆盖积雪,因雪层下面温度较高,较稳定,湿度也高,外界气温即使降低到$-10℃$,条锈病菌也能越冬。例如,甘肃陇东高原麦区,冬前菌源量很大,但常年冬季寒冷干旱,麦苗地上部分枯死,条锈病菌不能越冬。但有的年份冬季降雪早,雪量大,积雪时间长,在积雪下麦叶可以存活,条锈病菌也就随之越冬保存,并引起翌年春季条锈病的大流行。大流行的1964年和1985年都属于这种情况。

湿度也是越冬的重要因素。沿河、阴坡低湿田块,越冬率较高。冬灌麦田,比不浇水或只行春灌的麦田湿度高,小麦冻害轻,条锈病菌越冬率也较高。

秋苗发病程度与条锈病菌越冬率也有显著的正相关,秋苗严重发病是形成较多越冬菌源的必要条件。在华北地区只有冬前形成的传病中心才能越冬,单片病叶不能越冬。陇南冬季虽较温暖,但若秋播过迟,秋苗发病轻,越冬菌源也较少。

(四)春季流行

早春旬均温回升到 2℃～3℃,旬平均最高气温回升到 9℃以后,越冬病叶中的潜育菌丝开始复苏,并陆续显症,到旬均温稳定回升到 5℃后,开始产孢,至此越冬方才完成,这一过程持续 15～30 天。这时若有春雨和结露,越冬病叶产生的孢子就能侵染返青后的新生叶片,条锈病逐渐向上部叶片和向周围扩展,引起春季流行。

华北地区常年在 3 月下旬越冬病叶开始产生孢子堆,整个春季条锈病菌可繁殖 4～5 代。陕西关中则早在 2 月上、中旬越冬病叶显症产孢,春季可繁殖 7～8 代。条锈病菌的增殖速度,因条件不同而差异很大。第一代因气温低,可增殖几倍至十几倍,第二代以后可高达几十倍甚至上百倍。在有利的发病条件下,在整个春季流行过程中,条锈病菌的有效繁殖倍数达上百万倍。

在以本地菌源为主的地区,春季流行是由单片病叶,经传病中心到全田普发的发展过程。但在越冬菌量大或冬季较暖,条锈病能持续发展的情况下,也可直接造成全田发病。通常把春季流行划分为几个连续的、反映不同流行特点的时期(图 8),即始发期(由越冬病叶至新病叶出现)、点片期(新病叶出现以 1 平方米为一点的病点率达 100%)、普发期(自病点率 100%,普遍率 100%)和严重期(普遍率达到 100%,严重度达到 25% 以后)。本地菌源引起的春季流行,还可按流行曲线进程,区分为指数增长期、逻辑斯蒂期和衰退期。春季流行时间长短取决于早春气温回升早晚和春末气温高低,流行程度取决于越冬菌量和春季温、湿度条件。

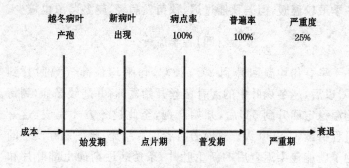

图 8 春季流行进程图解

以外来菌源为主的地区,条锈病的流行特点就有所不同,往往在小麦生育的中、后期,大面积同时发病,病情直线上升,病情发展速度远远超过当地气象条件所确定的最大可能值。田间病叶分布均匀,发病部位多在旗下一叶和旗叶。华北平原北部常年以外来菌源为主,但大流行年份仍以本地菌源为主。

春季流行是小麦条锈病的主要危害时期,在大面积种植感病品种的前提下,决定春季流行程度的主要因素是越冬菌源量和春季的降水量。

综上所述,条锈病菌基本是以异地发生的形式完成周年病害循环的。在广大冬麦区不能越夏,只有秋苗发病、越冬和春季流行3个阶段。在春麦区和部分冬麦区不能越冬,翌年也需接受外来菌源,重新发病。在适宜的侵染发病条件下,条锈病菌春季可发生4～5代,7～9月份在越夏地区发生6～7代,秋苗发生2～4代,全年最多可发生达16代。

在少数地区,条锈病菌可以在同一区域内完成周年循环,此类区域在一个不大的地理范围内,小麦垂直分布,兼有低海拔小麦与高海拔小麦,条锈病菌得以就地越夏、越冬,一年四季都在继代侵染。这类地方有人称之为"小循环区"或"周年循环区"。笔者等多年观察结果表明,在甘肃省天水市就有典型的"小循环区"分布,条锈病菌可以在高低相接的邻近田块越夏或越冬,甚至还可以在同一田块完成周年循环。马占鸿等(2005)应用地理信息系统与地理统计学方法分析结果也表明,在云南、西藏、四川西南、四川西北、陇南等地的麦区,新疆的昭苏、尼勒克、乌恰等地,可能有条锈病菌既能越冬也能越夏区域。

"小循环区"不仅是重要菌源基地,而且还使条锈病菌的变异菌株得以保存,成为新小种的策源地。

二、大区流行规律

条锈病在大多数小麦栽培区不能就地完成周年循环,每个生长季需依赖异地菌源,启动流行过程。因而在广大的地理范围内,通过夏孢子的远程气流传播,条锈病的流行形成一个整体,这就是"大区流行"。早在1960年,我国锈病研究工作者就正式提出了条锈病大区流行和流行区系的概念,开展了流行区划研究。了解条锈病的大区流行规律,可以准确地预测病害,实施抗病品种的合理布局,开展综合防治。本节简要介绍我国小麦条锈病流行区系和主要流行区内的病害流行规律。

(一)流行区划、菌源传播和流行因素

1. 流行区划 在大区流行的地理范围内,条锈病的流行具有整体性,但仍可依据其各个组成部分在流行中的作用和特

点,区分出越夏区、秋苗发病基地或传播桥梁区、越冬区或冬繁区、春季流行区等。在各个区域内,具有特定流行学特点的地带或相连续,或插花分布,其范围和作用受制于种植制度、品种、各年气象因素以及气候的长期变动,并非固守清晰的边界。

越夏区主要分布于中西部(甘、川、宁、青),与越冬区和广大春季流行区比较,越夏区麦田面积甚小,菌源延续的限制因素颇多,好像是一个"瓶颈"。正因如此,它拨动了几代锈病研究者的神经,企图通过控制越夏区,来最终解决我国的条锈病问题。近50年来,对各主要越夏区陆续进行了考察,并予以划分和命名,但这只是反映了各次越夏考察的结果,缺乏横向的比较和甄别,需要探讨的问题很多。很可能中西部越夏地带是一个整体,其间并无阻隔,构成同一的夏季流行区。

马占鸿等(2005)采用地理信息系统和地统计学方法进行的分析表明,在地理上夏季最热两旬平均温度小于22℃的概率为25%的线,基本上可以把越夏区和非越夏区区分开。西藏、青海、甘肃、四川、陕西、云南和贵州境内的越夏地区连成一片,山西、河北、内蒙古境内的越夏地区较为集中,湖北西部、重庆与陕西的交界、四川和陕西的交界处存在一些零星越夏区。

各越夏地区提供的菌源数量及其有效性、发生期间以及与秋苗的衔接特点等亦可能有相对固定的差异,有人提出可进一步划分出关键越夏区、一般越夏区与边缘越夏区。

在秋苗发病地区,历来看重的是能给春季流行提供菌源的地区。早期颇为注重陇东"桥梁"地带,即早播冬麦区。此类地区麦田面积广大,又接近越夏区,可以尽早接受和扩增越夏菌源。但条锈病菌在当地不能越冬,秋苗发病与翌年春季发病无关。这部分菌源只有经远程传播后,侵染关中及其以东稳定越冬地区的秋苗,才能对翌年冬麦区的条锈病流行发挥作用。20世纪70年代以后条锈病重发地带明显南移,鄂西北、江汉平原、四川盆地等地冬季条锈病菌可以继续繁殖增殖,翌年春季早期可为北方提供菌源,是重要的"冬繁区"。以鄂西北为例,冬小麦在10月下旬出苗,接受外来菌源,11月中旬至12月中旬见病,在12月上旬至2月下旬条锈病菌可持续侵染繁殖,3月上旬至4月中旬早春流行,发病激增,往外输出大量菌源,直到4月底或5月上旬,日均温达到20℃以后,条锈病才进入衰退期。

我国东部广大冬麦区是主要春季流行区,也是条锈病的主要危害区。根据各地的流行频率和流行强度等特点可分为常发区、易发区和偶发区等,其流行学特点是由常年菌源和气象条件所决定的。关于各流行区划的范围和名称,锈病研究者们已有基本一致的观点,但尚无统一的命名。

以上这些不同类别的区域由远程传播的菌源联系起来,就构成了流行区系。在一个流行区系中,各组成区域既有各自的特点,又有区间的菌源联系。据当前所知,国内已有较多研究的流行区系有3个,即华北西北流行区系,新疆流行区系和云南流行区系。

曾士迈(1995)组建了小麦条锈病大区流行模拟模型PANCRIN—1,根据模拟结果,提议将华北、西北流行区系扩大,把四川盆地、川西北、长江中下游都包括在内,命名为华北、西北、长江中下游流行区系。这一区系占全国麦田面积的80%以上。这一流行区系可划分为15个流行区(表11),诸流行区的流行形式、流行频率和流行程度各有不同。越夏区,特别是越夏区中的菌源就地周年循环区是流行区系的核心地区。他认为小种组成不能作为流行区划的基本依据,因为条锈菌小种的组成主要取决于当地的品种组成,如两地品种组成相同,虽然没有菌源区间传播,小种组成也可能相近或相同;两地品种组成若不相同,尽管菌源区间传播作用很大,小种组成也不会相同。

表11 西北华北长江中下游流行区系

(曾士迈等,1995;文字有变动)

流行区和亚区	地理范围	条锈病流行特征
陇南菌源基地区	甘肃陇南和天水两市、甘南州和宁夏六盘山区	
川地常发亚区	海拔1000~1400米	春季本源流行,早发,平年病重
半山易发亚区	海拔1400~1700米	春季本源流行,早发,平年发病中至重
高山易发亚区	海拔1700米以上	春季本源流行,迟发,平年发病中度
甘青晚熟春麦易发区	青海农业8县和甘肃河西走廊等地	春季外源流行,迟发,平年发病中度至重
川西北晚熟冬麦常发区	松潘、南坪、理县、乾宁、甘孜等地	秋苗病重,春季本源流行,平年发病重
陇东早播冬麦偶发区	陇东董志塬和陕西长武、彬县等地	秋苗发病早而重,越冬率很低,,春季本源低速流行,平年发病轻度至中度
关中、晋南常发区	陕西关中盆地,晋南汾河、涑水河下游河谷	秋苗发病较重,越冬率较高,春季本源中速流行,平年病重
黄淮流域常发区	黄淮平原春季降水量100毫米线以南、200毫米线以北(山东半岛除外)	秋苗发病少,越冬率高,春季本源高速流行,平年病重

续表 11

流行区和亚区	地理范围	条锈病流行特征
长江中游常发区	长江中游武当山、荆山、大神农架以东,春季降水量200毫米线以南地区	秋苗发病迟而少,冬季缓慢发展,春季本源流行,早发,高速,平年病重
四川盆地常发区	四川盆地	秋苗发病迟,冬季缓慢发展,春季本源流行,早发,高速,平年病重
华北北部偶发区	太行山以东,春季降水量100毫米以北地区	秋苗发病很少,越冬率很低,春季后期外源流行,低速,平年病轻
黄土高原偶发区	山西、陕北黄土高原地区	秋苗发病少,越冬率很低,春季后期外源流行,低速,平年病轻
秦岭大巴山易发区	秦岭、大巴山、武当山、荆山等环绕的山区	秋苗发病较重,越冬率较高,春季本源流行,中高速,平年发病中至重
山东半岛偶发区	四月份平均气温12℃线以东区域	秋苗发病很少,部分越冬,春季本源或外源流行,中速,平年发病轻度至中度
江浙沿海偶发区	洪泽湖、石臼湖以东,春季降水量200毫米线以南区域	秋苗发病极少,冬季缓慢发展,春季本源流行,高速,平年病轻

新疆流行区系与内地隔离,而与中亚伊犁河流域有菌源交流。新疆的河谷盆地及平原冬麦区冬季覆雪时间长,病菌

在积雪下也可安全越冬。在伊犁河上游(包括昭苏、新源、特克斯、尼勒克等县)的晚熟冬、春麦和自生麦苗上,喀什附近山区(乌恰、阿克陶等县)的晚熟冬、春麦上,以及焉耆、轮台、新和、拜城、阿克苏、和田等地自生麦苗上都有越夏菌源。伊犁河流域4月份的气温回升慢,5~6月份气温又偏低,均有利于病害发生、发展。关键时期的雨量对流行强度有一定影响。

云南省境内地形高低相差很大,小麦种植制度也很复杂,条锈病菌可以在省境内越夏、越冬,自成一个流行区系,但其西北部越夏区域可能与四川地区的菌源有交流。

据近年考察结果表明,在贵州省西部赫章等地海拔1700米以上地带的自生麦苗上,条锈病菌可以安全越夏,越夏菌源能与秋苗衔接,引起秋苗发病。另外,在西藏也存在小麦条锈病菌和大麦条锈病菌的越夏、越冬区域。这些都需要进一步查明。

2. 菌源远程传播 人们关于条锈病菌远程传播的推测,多基于小麦秆锈病菌远程传播的研究结果。而小麦条锈病菌早在20世纪40年代就已经进行了系统的生物学和物理学研究。对于条锈病菌的气流传播,还欠缺很多最基本的研究,更不用说高空孢子捕捉和风洞试验了。

据国外研究报道,小麦秆锈病菌等锈菌夏孢子的被动远程传播,至少有下列3类局部过程:第一类,孢子云随湍流扩散,到达垂直高度2000余米的高空,由于湍流的沉降作用,孢子云底部不断被消耗,以致不再与地面接触,飞行到一定地区后,因引力、湍流或降水而沉落。第二类,暖气团含有孢子云,遭遇冷气团后被迅速抬高,随锋系移动数千千米,随锋面雨降落。北美小麦秆锈病菌由南方越冬基地迅速北上就属于此过程。第三类,菌源位置较高,随上层气流扩散。印度小麦秆锈病菌在南方海拔2 500米以上的山区越夏,孢子云随3 000米左右的高空气流北上,在1～2天内越过700～1 000千米的距离,在北方平原地区随锋面雨降落。

关于条锈病菌的远程传播,存在不同的观点。有人认为条锈病菌与秆锈病菌和叶锈病菌不同,不适于远程传播。其理由是条锈病菌的夏孢子对紫外线非常敏感,且不耐日晒。条锈病菌夏孢子对紫外线敏感性比秆锈病菌高3倍,经1天日光暴晒后,孢子萌发率就可能降低到0.1%。另外,在湿度较高时,条锈病菌夏孢子多聚集成团,不便升空。也有人认为条锈病菌可以随气流传播到数百千米之远,这种现象在西欧、北美和印度等地都有报道。

在我国关于条锈病菌的远程传播的讨论,主要侧重于越夏菌源的东向传递。主要的依据包括地面发病的时间衔接,异地发病的相关性,初侵染菌源的发生特点、各地生理小种的异同,大气环流及其与地面发病的相关性等方面,也做过小规模的地面孢子扑捉。

我国条锈病菌由西向东,从越夏区向冬麦主产区的传播,具有明显的逐步转移现象。

在陇南、陇东曾系统研究了越夏菌源的梯级扩增与传播现象。直接越夏的条锈病菌在度过夏季最热的时间后,随气流分散,就近传染海拔1 500米以下的自生麦苗,形成所谓"间接越夏菌源",菌量扩增后,就得以辗转侵染更远处的自生麦苗和早播冬麦的秋苗,陇东秋苗面积广大,可以积累起巨大的菌量,向关中、晋南、河南传播。关中各地区的秋苗大致同期发病。由陇东秋苗病情,可以预测关中等地的秋苗发病与春季流行的程度。

在陇南自生麦苗和秋苗条锈病大发生年份,可以就地积累足够菌量,随气流直接传播到关中西部,关中各地秋苗发病时间由西向东逐渐推迟。另外,陇南的越夏菌源侵染当地自生麦苗和早播冬麦后,还可向陕南、鄂西北和豫西南及其以东地区逐步传播,引起汉水、淮河流域广大麦区秋苗发病。也可沿嘉陵江向东南传播,侵染川北绵阳等地秋苗。

川西、川西北的越夏菌源向东南传播,先侵染早播冬麦,形成菌源基地,再逐步向四川盆地传播。

条锈病菌夏孢子集团(孢子云)的大小和密度,与传播距离成正相关,孢子云越大,密度越高,传播距离就越远。上述逐步转移现象是基于夏孢子本身传播能力的限制,还是需要通过逐级扩增菌量,以恢复或增大孢子云的密度,因缺乏必要的试验数据,现在还不能得出结论。

实际上,条锈病菌夏孢子作为一种物质微粒,其扩散状态,包括升空、转移和降落等过程取决于其物理性质和气流运动的规律。但作为生命体,在传播过程中能否保持其生活能力和侵染能力,还受其生物学性质的制约,但这似乎难以限制其远程传播。例如,从西北、华北一次传播到东北北部,从我国大陆传播到日本列岛。但是,孢子传播不等同于病害的传播。对于条锈病的传播,还要考虑病原菌(菌量、毒性、适合度)、寄主(面积、生长发育阶段、品种抗病性)、气象条件以及其间的配合。在上述各个层面上,都需要进行系统深入的研究。

3. 流行因素 条锈病是典型的单年流行病害,在一个生长季内就可以完成菌量积累,造成病害的严重流行。条锈病的各年发生程度取决于品种抗病性、条锈病菌菌量和环境条件诸方面多种因素的配合。

在一个生长季中,流行速率变幅很大,气象条件适宜时,一代侵染可使病情增长数百倍,条件不适宜时则增长十分缓慢,甚至停止。年度间流行程度波动也很大,紧接轻度流行年份,可能出现大流行年份,而大流行年份之后可能轻度流行,也可能特大流行,这皆取决于当年的条件。

影响小麦条锈病流行的因素非常复杂,总之,其发生的时间和程度取决于小麦品种、条锈病菌以及环境条件等3个方面的性质及相互作用。条锈病菌毒性小种的出现和转化为优势小种,是造成品种抗锈性丧失和锈病流行的主要原因,大面积栽培感病品种是锈病流行的基本条件,在病原菌和寄主两方面具备了流行的潜势时,环境条件尤其是气象条件,则成为流行的主导因素。

条锈病菌群体虽然是一个无性的克隆群体,但也存在若干毒性不同的类型,即生理小种,也会不断产生新的毒性变异。在大面积推广某一抗病品种后,就有利于对它有毒性的菌株正常侵染和繁殖,这种毒性菌株可能是群体中原本存在的稀有类型,也可能是通过突变等途径产生的。不论来源如何,抗病品种推广的面积越大,对其增殖就越有利。抗病品种这种有利于匹配毒性类型的作用,被称为"定向选择"作用。正是由于推广的抗病品种发挥了强大的定向选择作用,淘汰了原有的优势小种,使稀有的毒性类型发展成为新的优势小种,开启了新一轮的条锈病流行。

条锈病菌小种的菌量积累不仅与其毒性有关,还与其繁殖能力和对环境的适应能力有关,这些特性属于"适合度"的范畴。简单地讲,侵染密度高、潜育期短、产孢期长,产孢量大的病原菌小种繁殖系数高,流行潜势也大。一些小种对特殊环境途径有较强的适应能力,使其在特定的地理区域和特定时期内的菌量积累迅速,有流行优势。例如,有些条锈病菌类型在较低的温度下有较高的适合度,就具有更强的越冬能力,在早春低温期较长的陇南发展得更快。另外,某些菌系耐高温,可导致小麦生育后期条锈病的流行。

在条锈病菌可以越冬的地区,秋苗菌量与春季流行之间呈现比较复杂的关系,并非秋苗病重,翌年春季发病一定严重,还要视越冬情况和早春气象条件而定。1963年陕西关中秋苗发病很轻,但冬季温暖湿润,非常有利于条锈病菌越冬。该年在凤翔县定点调查结果表明,传病中心越冬率达100%,常年很难越冬的单片病叶,越冬率也高达68.7%。关中北部和西北部常年不能越冬的高原地带,由于长期大雪覆盖,传病中心越冬率也达到100%。加之1964年春季雨水较多,就造成了当年条锈病的大流行。

引起春季流行的初始菌量,依气象条件和品种抗病性不同,有相当宽广的变化范围。在早春雨露较多的常发区,大面积初始菌量在普遍率0.0001%,就有可能引起流行;而在春旱地区或春旱年份,初始菌量要达到普遍率0.001%~0.01%,方能引起流行。只有在进入盛发期前的流行临界期之末,菌量才是决定后期发病严重程度的直接因素。例如,京津一带条锈病流行临界期为4月份至5月初,临界菌量为普遍率0.1%~1%,低于此值,即使以后高速发展,也不易达到流行危害的程度。

大面积种植感病品种或者大面积种植的抗病品种失效,是条锈病流行的基本条件。我国冬、春麦主产区皆已种植抗病品种,只有在出现新小种而使主栽品种失效后,条锈病才得以流行。抗锈品种遂因失效而被淘汰,新一代抗锈品种接班,条锈病重新得到了控制。这两个交替过程不断重复,构成了恶性循环,导致条锈病流行的长期波动。

在冬麦区、越夏区和传播桥梁区,栽培具有相同抗病基因的抗病品种,不仅有利于菌源接续和积累,而且也会促进条锈病菌新小种或新类型的保存与发展,会加快品种抗锈性的失效和缩短条锈病大流行的周期。

慢锈品种可以减低流行速度,但控制发病的作用不彻底,耐病品种可以减少产量损失,但仍有相当严重的锈病发生,在越夏区栽培这两类品种,仍会积累相当程度的菌源,从锈病流行的全局来看,不一定有利。

小麦品种的形态特征和农艺性状有时也影响条锈病流行。例如,在越夏区种植"口紧"的品种,因不易落粒,大大降低了田间自生麦苗密度,从而减少了越夏菌源。另一方面,抗寒性好的品种,更有益于条锈病菌越冬。

气象因素的作用非常复杂,既影响条锈病菌的存活、生长发育和繁殖,又影响小麦品种的抗锈性,也影响小麦品种与锈菌的互作,即发病过程和流行。在感病寄主和病原菌经常具备的前提下,气象条件是影响条锈病流行的主导因素。在分析气象条件的作用时,既要找出当地、当时的关键因子,又要全面衡量各气象要素之间,以及气象要素与菌源、寄主之间的协同作用。这样才能对流行的趋势做出较准确的预测。

农田小气候的温度、湿度、光照、气流等因素对条锈病发生当然有直接影响,但另一方面,条锈病是大区流行病害,大范围的气象变化,除了通过制约小气候而影响锈病外,其本身对条锈病流行也会有直接的作用。例如,上层气流的运动规律支配了条锈病菌夏孢子的远程传播和沉降。

栽培制度和农田管理措施对麦田小气候、品种抗病性和条锈病发生都有影响。越夏区适时收获,减少落粒,麦收后休闲地及时机耕,复种田适时中耕等措施,都可以减少自生麦苗,从而降低越夏菌量。改变越夏区的种植制度,减少小麦面积,曾多次作为改造越夏区的重要措施而提出。在秋苗发病地区,避免过早播种,可显著减轻秋苗病情。在越冬地区,习惯上多实行麦田冬灌,这一措施可以改善土壤墒情,但也有助于提高条锈病菌越冬率。

麦田水肥管理不当,追施氮肥过多、过晚,麦株贪青晚熟,会加重条锈病发生。大水漫灌能提高麦田小气候湿度,延长结露时间,有利于条锈病菌侵染。但锈病严重期及时浇水,可以补充病株因蒸腾加剧而损失的水分,减少产量损失。

(二)西北区的流行

西北区包括陕西、甘肃、宁夏、青海等省、自治区,区内地势复杂,气候条件差异大,形成了呈垂直分布的小麦种植带,冬小麦、春小麦交错种植。区内有小麦条锈病菌的重要越夏基地,提供远程传播的菌源,影响东部广大麦区。历史上对陇南和陇东研究较详尽,所谓陇南并非专指行政区划的陇南市,而是泛指陇山之南,包括天水市和陇南市;陇东则泛指陇山之东,大致包括平凉市和庆阳市。

1. 越夏 小麦条锈病菌是以连续侵染方式,在海拔1 400~2 000 米(因纬度而异)的晚熟小麦和自生麦苗上寄生越夏。晚熟春小麦比较集中地分布在青海,甘肃交界区域,六盘山两侧,陇中与洮、岷地区的高寒山区,收获期多在7月下旬至9月下旬。夏季高温期间,多数麦田正值抽穗至灌浆阶段,可普遍发病,使较多的越夏菌源得以顺利保存。但晚熟小麦在收获前10~15 天病叶就已干枯,不可能向9月中下旬的早播麦田秋苗直接提供有效菌源,其主要作用是感染自生麦苗,使条锈病菌辗转保存。

晚熟冬麦栽培较少,可用地处六盘山区的庄浪县为例,说明其作用。该县冬小麦垂直分布在海拔1 405～2 300米,收获期从低海拔6月下旬开始,到高海拔地区8月份上旬结束,延续50多天。播种期从高海拔地区9月上旬开始,到低海拔地区10月上旬结束,延续40多天。晚熟冬小麦与自生麦苗共生期30天左右,复种作物田间自生麦苗与小麦秋苗共生期50～60天,场边、路旁自生麦苗与小麦秋苗共生期达90天左右。境内最热的7月份,平均气温20℃,有利于高海拔晚熟冬麦的越夏菌源侵染低海拔自生麦苗,度过无小麦栽培时期。

小麦条锈病菌在自生麦苗上越夏的海拔高度,在陇东多位于1 400米以上,陇南多分布在1 600米以上,其中又以渭河上游1 700～1 800米处,泾河上游1 500米以上的北部山塬地带越夏菌量较大。西部海拔1 600米以上的春小麦自生麦苗,可供条锈病菌直接寄生越夏,以洮河流域的越夏菌量较大。在8月份及以后收获的春小麦自生麦苗,称为春小麦秋季自生麦苗,所处环境海拔更高,邻近晚熟春麦,更有利于菌源衔接,发病率往往较高。这类自生麦苗的菌源,一般可保存到10月中旬以后。

一般来说,在夏季高温期间,多数自生麦苗发病率都不高。夏末秋初,气温下降,自生麦苗病叶增多,且由高处向低处蔓延,成为侵染秋播小麦的主要菌源。其间承接和扩增关系如图7所示。

根据地理位置,越夏特点和越夏菌源的传播作用等,可划分为6个越夏区(表12)。

陇东高原自生麦苗越夏区为早播冬麦区,区内6月下旬开始收麦,7月上旬基本收完。9月初开始秋播,9月中旬基本播完,秋播期要比陇南、关中等地早播20～30天。夏季高温期间越夏菌量虽小,但在早播冬麦苗上繁殖的时间长,积累的菌量大,常常形成秋苗发病基地,向海拔更低的陕西关中和河南等地顺势传播,因而有人认为该区是甘、青越夏菌源向广大冬麦区传播的"桥梁"地带。

表12 西北区的主要越夏区

越夏区名称	地理范围	条锈病菌越夏特点	影响范围
甘、青高原晚熟春麦与自生麦苗越夏区	青海东部农区、甘肃西部、中西部与青海邻接地区	主要在海拔2300米以上的晚熟春麦上越夏,少量在低海拔自生麦苗上越夏。有效越夏面积为1.83万~2.67万公顷	距东部主要麦区遥远,发病较晚,作用较小
洮、岷、陇中晚熟春麦与自生麦苗越夏区	甘肃临洮、岷县、临夏、渭源和定西等地	在海拔2300米左右的晚熟春小麦上(7.63万~8.56万公顷)和海拔1600~1900米的自生麦苗上(2万多公顷)越夏	主要为陇南等地的自生麦苗和秋苗提供菌源
渭河上游自生麦苗越夏区	甘肃的天水、甘谷、武山、秦安、西和、礼县、成县,陕西的太白等地	主要在海拔1600米以上的山地冬小麦与自生麦苗上越夏,面积4.3万~5万公顷。亦可在区内低海拔地带越冬	侵染本地秋苗,传播到陇东、关中、陕南和鄂西北等地
陇南南部自生麦苗和晚熟冬、春麦越夏区	甘肃的武都、文县、宕昌、舟曲、迭部、康县等地	在海拔1600~2200米的自生麦苗(1.4万公顷)和晚熟冬麦(0.27万公顷)、晚熟春麦(0.21万公顷)上越夏	侵染当地秋苗,传播到陕南、川北、鄂西北,沟通西北区与西南区菌源交流

续表 12

越夏区名称	地理范围	条锈病菌越夏特点	影响范围
六盘山晚熟春、冬麦和自生麦苗越夏区	宁夏的固原、彭阳、隆德、泾源,甘肃的静宁、庄浪等地	在海拔高于2000米的晚熟春麦,晚熟冬麦,7月份收割的冬、春麦自生麦苗上越夏,面积0.53万~0.61万公顷	侵染低海拔自生麦苗
陇东高原自生麦苗越夏区	甘肃平凉、庆阳,陕西陇县等地	在1400~1800米的山塬地带自生麦苗上越夏,面积3.9万公顷,越夏菌源数量年度间变化大	侵染早播冬麦秋苗,秋苗菌源向陕西关中及其以东地区传播

2. 秋苗发病 冬麦秋播越早,距越夏区越近,苗期发病越重。陇东塬区9月中旬前、川地9月下旬前、陇南山地9月下旬前、川地10月上旬前的秋播麦田都属早播麦田。其初侵染源主要来自当地的越夏菌源,在9月底至10月初就出现病叶。重病年份,秋苗发病率可达10%以上。

陕西关中常年在10月上旬以前播种的麦田为早播麦田,11月上中旬开始发病,但病株密度较低。发病后需经过2~3代繁殖,才能形成冬前发病中心。

陕南汉中等地属稻、麦两熟区,虽然播种期晚,但秋季温、湿度条件好,病情发展快,往往导致全田发病,形成冬前菌源基地。

影响秋苗发病的主要因素除播期外,还有邻近越夏区和早播麦田提供的菌量,秋季雨露条件等因素。通常川区、塬坡的低凹潮湿的早播麦田秋苗发病都比较重。

3. 越冬 常年12月上旬至1月上旬均温下降到1℃~2℃时,锈菌和寄主即进入越冬阶段。进入越冬阶段的时间,陇南山地和陇东塬区为12月上中旬,河谷川地为12月下旬,陕西关中为12月中下旬,陕南及其南部嘉陵江流域多在1月上旬。陇东海拔1400米以下地域,陇南1600米以下河谷、半山地带,陕西关中渭河沿岸潮湿滩地、秦岭北坡以及陕南汉中等地,都是西北区条锈病菌的主要越冬场所。进入越冬阶段后,已有的夏孢子堆颜色由鲜黄色变为黄褐色,病斑周围出现枯斑,气温再下降,呈现出半干枯或干枯状态。大部分地区主要以潜育菌丝在未冻死的麦叶中越冬,锈菌在病叶中的潜育时间长达100多天。

在陇东一般年份若有积雪覆盖,条锈病菌多在阴山与阴冷的地埂下存活的麦苗上越冬,若无积雪覆盖,则多在900~1000米的阳山、川台及塬面背风向阳的地埂、墙下麦苗上越冬。年度间越夏、越冬菌量差异很大。如果越夏菌源量大,秋苗发病就重,越冬菌源量相对就大,翌年春季发病就重,否则条锈病就很少发生或轻度发生。

六盘山区庄浪县海拔1650米以下的水浇地常见越冬,海拔1650~1800米的麦地偶然越冬。据多年观察,虽秋苗发病较重,但入冬以后因低温冷冻,气候干燥,麦叶干枯,很难越冬。但低凹、背风向阳、田间湿度高的麦田,越冬期有3~5个分蘖,病叶紧贴地面,表墒充足的早播麦田,有积雪、地膜覆盖的麦田或抗寒、抗旱特性强的冬性小麦品种,麦叶延迟干枯,有可能越冬。

在陕西关中潜育病叶越冬期间,如果温、湿度条件适宜,仍可产生夏孢子,缓慢再侵染。在陕南和陇南南部温暖潮湿,背风向阳的麦田,可以以夏孢子侵染越冬。

影响越冬的主要因素是温、湿度条件,秋苗发病程度和品种抗冻性。河谷、阴坡的低湿田块和冬灌麦田,湿度较大,小麦冻害轻,有利于锈菌越冬和进行再侵染。陇南、陕南和关中地区的秋苗发病程度与越冬率有显著正相关性。小麦品种抗冻性强,锈菌越冬率就高。

4. 春季流行 冬麦区春季流行以当地菌源为主,发病过程经过如下几个阶段。

(1)始发期 早春旬平均气温达到2℃~3℃,旬最高气温上升到8℃~9℃时,越冬锈菌即开始回苏显症。常年显症时间,陇东北部塬区为3月中下旬至4月上中旬,泾河川地为3月上中旬,渭河流域为2月下旬至3月上中旬,南部嘉陵江流域为2月中下旬,陕西关中地区为2月下旬至3月上旬。川地低暖,显症最早,半山阳坡次之,山、塬地带时间最晚。越冬病叶产孢后,继续侵染,田间出现新的单片病叶。

(2)点片期 由新病叶出现到以1平方米为一点的病点率达到100%。此期田间陆续形成多数小型传病中心,进而扩展为大的传病中心。这时的温、湿度条件已基本进入最适范围,但健康麦株还多,叶面健康面积比例还大。条件有利时,病叶和叶面发病面积将会成百倍增长,不利时增长不超过10倍,极度干旱时,侵染被抑制,病叶干枯死亡。

(3)普发期 指病点率100%到普遍率100%的阶段。此期环境条件有利,菌量积累增多,病情迅速发展,达到普遍发病。据观察,经15天左右(一个潜育期),一个由10片病叶组成的传病中心,发病面积可扩大到数平方米,乃至20~30平方米;一个由200~400片病叶组成的较大传病中心,可扩展到100~300平方米。常年陇南渭河流域普发期在4月中旬或5月上旬,陇东在6月中下旬,陕西关中在5月中下旬,陕南在4月中旬至5月初。

(4)严重期 指普遍率100%,平均严重度达25%以上的时期。此期病情迅速上升,造成严重危害。因此,严重期到达越早,小麦减产程度就越高。

在甘肃中、西部地区、青海东部农区以及宁夏回族自治区,以种植春小麦为主,条锈病菌不能越冬,春季病害流行有赖于东部早熟冬麦区提供菌源。条锈病发生时间多在小麦生长的中、后期。田间发病过程无明显阶段性,很少出现传病中心,往往大面积上骤然发病,病叶多为麦株上部叶片,分布也较均匀。

春季流行是条锈病的主要危害时期,在大面积种植感病品种时,流行程度主要取决于越冬菌量与3～5月份的雨量和降雨次数。秋苗发病重,冬季温、湿度条件好,早春气温偏高,3～5月份降雨多,就可能大流行。若3～5月份干旱,即使菌量具备,也不会流行。

甘肃省植保所分析了1959～1964年甘谷县春季降雨与流行程度的关系,大流行年份4～5月份的降水量均在80毫米以上。1964年为特大流行年,2个月合计降水量为176.5毫米,降雨次数23次;1959年和1963年为大流行,合计降水量分别为83.8毫米和100.6毫米,降雨次数分别19次和21次;1960年为中度流行,降水量44.1毫米,降雨13次;1962年轻度流行,降水量仅18.5毫米。1961年降雨虽较多,但因感病品种碧蚂1号种植面积减少,菌量较小,仍为轻度流行。

陇东3月份的降水量直接关系到越冬菌源的再侵染,降水量愈大,降水次数愈多,菌源的侵染率就越高,为春季流行留下隐患,而5月份降水量对决定当年流行程度起着重要作用,1985年、1990年、1991年和2002年大流行皆与5月份阴天雨露多,降水量大有关。

5. 流行区划 根据小麦条锈病的流行频率和强度,可将西北区划分为7个流行区(表13)。

除表13所列出的区域以外,小麦条锈病发生流行比较严重的区域还有陕西省商州市山区,宁夏、甘肃交界处六盘山阴湿山区和甘南高寒春麦区等。

表13 西北区的小麦条锈病流行区划

流行区名称	地理范围	条锈病流行特点
关中晋南常发区	陕西省关中和山西省南部	距越夏区较近,秋苗发病较重,越冬率高,春季易于流行,3月份和4月上中旬的雨量与雨日数影响发病程度
汉中常发区	陕西省汉中市和安康市的平原麦区	距越夏区近,冬季温润,秋苗易发病,易越冬,常年春雨较多,条锈病易流行
陇南常发区	甘肃省天水市全境和陇南市大部	条锈病菌在区内越夏、越冬,就地完成侵染循环。秋苗发病普遍较重,越冬菌量较大,春季流行频率高。早春气温回升早晚和3~5月份的雨量、雨日数影响大
泾河上游易发区	甘肃平凉市六盘山以东区域、庆阳市正宁县等地的河谷川地	距越夏区近,秋苗发病较重,但冬季温度低,越冬菌量较少,条件有利时,春季易流行。4~5月份降水量为主要流行因素

续表 13

流行区名称	地理范围	条锈病流行特点
陇东中部高原偶发区	陇东各地塬区	距越夏区近,播种早,秋苗病重。但冬季寒冷,越冬率低,且易因干旱、低温而出现"越春现象"。春季常以外来菌源为主,流行频率低,少数年份病重。4月下旬至6月上旬的雨量对病害发生起关键作用
洮岷、临夏易发区	甘肃省中部的阴湿山地	主要栽培春小麦,川塬区栽培冬小麦,条锈病菌可以越夏,不能越冬,常年6月中、下旬达发病高峰。外来菌源以及5～6月份降水量是重要流行因素

6. 陇南越夏核心区 陇南包括天水市渭河流域,陇南市嘉陵江上游徽、成盆地,与四川接壤的白龙江流域。境内地势复杂,有川区、半山区、高山区,小麦垂直分布,主要为冬小麦,春麦很少。该区域年降水量400～1 000毫米,年均温5℃～15℃。陇南属小麦条锈病常发流行区,条锈病菌既能越冬又能越夏,可在一个很小的范围内完成周年循环,有利于越夏菌源的增殖和毒性小种的保存,既是菌源基地,又是新小种的主要策源地,从而成为华北、西北、长江中下游流行区系的一个越夏核心区。

陇南常发流行区条锈病流行频率高于关中和华北麦区。在1950～1964年的15年中,流行年有11年,未流行4年,流行频率73.3%。1950年、1957年、1959年、1963年、1964年为大流行年或特大流行年。1966～1974年,因推广了以阿勃为主的一批抗病品种,且这些品种所具有的抗病基因又与关中和华北麦区品种有明显区别,致使条锈病得到控制。在1965～1980年的16年中,仅有5个流行年,11年未流行,流行频率31.3%。在1981～1993年的13年中,流行的有9年,未流行4年,流行频率69.2%,其中1985年、1990年为大流行年。

陇南为条锈病菌重要的越夏基地。越夏菌源以海拔1700米以上的高山区为多,不论多雨年份,还是一般年份,均为最重要的关键地带。据1989年9月份调查结果表明,海拔1700米以上地带自生麦苗普遍率为7.14%～12.78%,海拔1500～1600米地带为0.81%～2.7%。另有"间接越夏"菌源,在7～8月份高温期后至小麦秋苗出土前辗转发生,衔接高山越夏菌源与低海拔自生麦苗和秋苗,越夏海拔高度的下限可降到1290米,大大扩展了能够为秋苗提供越夏菌源的地理范围。渭河以南秦岭北麓的近林山区,气温较低,降雨较多,麦田湿度大,自生麦苗多,是一个稳定的间接越夏地带。

陇南历年秋苗发病和越冬率较为稳定。冬小麦播种期自9月上中旬开始,由高山区向半山区、川区逐步推移,渭河上游10月上中旬结束,南部地区10月下旬结束。山上与山下小麦出苗期间隔1个多月,有利于越夏菌源与秋苗衔接。秋苗的初侵染源主要来自当地自生麦苗上的越夏菌源,晚熟春麦直接向秋苗传播的菌源很少。高山区越夏菌源量多,播种早,发病早且重,半山区次之,川区迟且轻。

一般年份条锈菌进入越冬的时间,渭河上游为12月上旬,陇南南部为1月上中旬。越冬的海拔高度上限,渭河上游为1700米,南部为1800米。半山区为主要越冬基地,在冬季气温偏暖,积雪覆盖时间较长的年份,高山区的越冬菌量也很大。

陇南条锈病春季流行频率高,流行强度大,渭河流域更重。渭河上游2月下旬至3月上旬显病,南部2月中旬显病。海拔1400~1500米向阳的半山区开始发病早,早春菌源经繁殖积累后,又向川区及高山区扩展,5月中下旬进入普发阶段。影响春季流行的关键因素中,3~5月份的降水量尤其重要。一般年份由于早春干旱,全区条锈病难以流行,但海拔1700米左右的高山区小麦成熟晚,如6~7月份雨量增多,尽管对半山及川区的流行起不了多大作用,却有利于高山区的流行。因此,半山区和川区发病轻时,往往高山区却发病重,在防治上需采取"打山保川、打点保面"的策略。

陇南秋季向东部麦区传播的菌源量比较大,持续时间长,向东传播可能有3个方向:一是先传播到陇东,扩繁后再向关中、华北扩散;二是直接向关中西部传播,常年传播的菌量少,但陇南秋苗发病早而重时,可有效影响关中西部;三是陇南南部菌源沿汉水流域向陕西的汉中、安康,湖北襄樊,河南南阳以及川北绵阳等地传播。此外,春末夏初,陇南还为甘肃中西部以及青海等春麦区提供大量菌源。

(三)华北区的流行

华北是我国冬小麦主产区之一,条锈病在春季多雨年份可流行危害,导致较大产量损失。自20世纪40年代以来,就系统地进行了条锈病研究,探明了条锈病流行规律,但初始菌源来自何方尚需进一步探讨。

1. 越夏 区域内有晋西北晚熟春麦和自生麦苗越夏区,内蒙古乌盟和河北坝上晚熟春麦越夏区。前者包括山西省北纬38°30′以北,以宁武县、五寨县、岢岚县、朔县为代表的地区,后者包括内蒙古乌盟和河北省坝上各县,两者均为零星的或不稳定的越夏区,对华北区冬小麦提供菌源的作用不重要。

以坝上高原为例,虽然是河北省春小麦集中产区,但春麦收获距坝下平原冬小麦的最早播期(9月上旬末)还相隔20~30天,因而坝上越夏菌源对广大平原冬麦区条锈病流行的作用不大。区域内越夏条锈病菌不能或基本上不能传播到冬小麦秋苗,本区的初始菌源应主要来自西北区。

2. 秋苗发病 冬小麦秋苗感染条锈病的现象很普遍。河流沿岸、低洼易涝以及依山窝风的感病品种麦田最易发病。麦田中首先出现分散的单片病叶,其后形成大小不同的传病中心。秋分(9月23日左右)前播种的可形成大、中型传病中心,秋分至寒露(10月8日左右)播种的,形成单片病叶和中、小型传病中心,寒露以后播种的多不发病,适当推迟播期可降低秋苗病情。

3. 越冬 越冬区的北界沿石德线,并向西延续到山西介休一线,即北纬37°~38°线。该线以北地区除秋季菌量大、冬季温暖或长期积雪的年份外,常年不能越冬。

在华北大部分地区,条锈病菌以潜伏菌丝在未冻死的麦叶中越冬。仅中、南部有发病叶片带菌越冬的情况。在河北邯郸市小麦绿叶过冬,部分发病叶片在越冬期间并不死亡。在河南省信阳市,冬季还可能有再侵染发生。

4. 越春与春季流行 春季条锈病始见期从3月初到4月中旬不等,因地因年而异。据阮寿康等1964年冬季至1965年春季在大名县毛苏村定点摘叶调查表明,3月中旬潜育病叶开始显症,3月下旬是显症盛期,4月上旬为末期。各旬显症数量分别占总显症数的13.7%、72%和14.3%,而各旬的平均气温依次为8.3℃、9.1℃和10.1℃。

在华北平原北部常年春旱,降雨稀少,土壤湿度低,致使病叶死亡。在回苏显症期间若仍持续干旱,则病害发展非常缓慢,甚至完全中断。陈善铭等认为,在华北区越冬菌更新以后,要经过一个"越春"阶段,才能扩展蔓延。越春是条锈病菌由少量越冬病叶重新形成传病中心的过程,这是华北区经常春旱所形成的一个特殊问题。影响越冬菌源越春的关键因素是土壤水分,春季土壤湿度越高对条锈菌越春也越有利。

华北区小麦条锈病春季流行的主要影响因素是降雨。3~5月份的雨量和雨露日(特别是3~4月份的降水量)尤为重要。与条锈病流行关系密切的降水时期,在河南淮南地区为3月上中旬,豫中北和冀南为3月至4月中旬,冀中南为3~4月份,晋中为4~5月份(4月份雨量影响最大),冀中东为4月和5月上旬。

早春气温回升早有利于越冬病菌再侵染,形成当地早春菌源。如果菌量大,气象条件又适合,即可导致条锈病春季大流行。1950年、1960年、1964年和1975年就属于这种情况。如果当地早春菌源少,即使气象条件适合,也仅能使局部麦田被害。若仅有春季外来菌源,即使菌量大,也只能在小麦生育后期导致顶部叶片发病,危害较轻,甚至不造成明显减产。

5. 流行区划 小麦条锈病在华北区为偶发性病害。1950~1985年的36年间,条锈病在河北省造成危害的年份只有11年,其中发生范围较广的仅有4年。华北区的易发地带主要分布在晋南、冀南、豫南和豫西的伊、洛河盆地(表14)。

表 14　华北区的小麦条锈病易发区

易发区名称	地理范围	条锈病流行特点
晋南易发区	以汾河为北界、中条山为东界的晋南南部	距越夏菌源基地较近，常年秋苗发病重，越冬率高，春季气象条件较适宜，流行频率高
冀南易发区	河北省邯郸市东南，大名县的漳河、卫河与马颊河沿岸	秋播较早，秋苗旺盛易发病，多绿叶过冬，早春气温回升早而露重，越冬、越春顺利，3～5月份降雨较多，有利于发病
豫南易发区	河南省信阳市淮南各县	秋苗易发病，越冬顺利，春季发病早，点片期短，流行频率高
豫西伊、洛河盆地易发区	河南省洛阳市东部各县	秋苗易发病，越冬率高，早春温度回升快，易沿河形成病带

(四)四川盆地和川西高原的流行

四川省地势复杂，由西北逐渐向东南倾斜，邛崃山、峨眉山和小凉山一线以东称为四川盆地，以西为高原，面积各约占一半。川西高原属青藏高原的过渡地带。

条锈病是四川省最严重的小麦病害，流行年一般减产 1 亿千克左右。四川盆地是小麦条锈病常发区和重要的条锈病菌冬繁区，但条锈病菌不能越夏。川西高原，特别是川西北，则是主要越夏区和秋苗菌源基地。两地构成条锈病菌的周年循环，并可向区外扩散越夏菌源和春季流行菌源，在我国条锈病流行体系中有重要战略作用。

1. 四川盆地　四川盆地属早熟冬麦区，小麦绝大部分分布于海拔 1 000 米以下，海拔 200～800 米为主产区，仅西部边缘地带部分麦地海拔达 1 700～1 800 米，少数更高达 2 000

米。川东大巴山区亦有少数麦地海拔达1 800米。四川盆地条锈病常发区,主要包括稻麦两熟的川西平原,沿江、沿河、地下水位较高的地区,以及湿度较大的阴山地区。

四川盆地常年小麦播种期为10月中下旬至11月上中旬。条锈病最早在11月下旬始见,一般在12月份始见,随后可发展形成大小不等的传病中心病点。1月下旬至2月下旬进入缓慢发展期。感病品种入冬后病叶仍不断增长,但速度减慢。2月下旬以后气温回升到14℃左右,条锈病开始快速发展。3月中下旬至5月上旬条锈病自南而北进入流行期,产生大量夏孢子,可随东南季风,传播到川西高原麦区以及邻近的中、东部麦区。四川盆地是条锈病菌重要的冬繁区和菌源基地。

4月中下旬前后,日均温达到20℃以上,条锈病受到显著抑制。4月下旬至5月下旬盆地自南而北进入小麦收获期,仅盆周山区有极少数麦地于6月上中旬收获,因而距小麦播种有5个月左右的间隔。在自然情况下,条锈病菌夏孢子寿命在成都最长不超过1个月,在雅安地区最长也不超过35天,在36℃下2天即失去生活力。多年调查表明,盆地内自生麦苗上无条锈菌越夏,虽在川东大巴山区海拔1 700米自生麦苗上,夏季发现过1~2片病叶,但到小麦秋播时已成熟干枯,不起传病作用。

暖冬和3~4月份有持续低温和降雨天气,将导致条锈病大流行。以2001~2002年大流行为例,冬、春季的气温比常年平均气温高3.5℃,是一个明显的暖冬年。2002年3月3日至28日和4月7日至13日有2次降温过程,均降至10℃左右,并伴有降雨。

2. 川西高原 邛崃山、峨眉山和小凉山以西属川西高原,分属于阿坝、甘孜和凉山3个自治州,小麦垂直分布在海拔700～3 900米高度。西部甘孜州小麦主要分布在海拔2 500～3 500米,西北部阿坝州主要分布在海拔2 000～3 000米,西南部凉山州主要分布在海拔1 500～2 500米。这3个州是小麦条锈菌的主要越夏区,条锈病菌可以在晚熟冬、春麦和自生麦苗上越夏。

多年调查表明,在7月份平均温度18℃以下的地方小麦条锈菌才能较顺利地越夏。越夏高度在海拔2 300～2 600米,因纬度不同而异,均显著高于西北越夏区。阿坝州松潘县海拔2827.7米,7月份月均温14.5℃,越夏菌量很大。

川西高原高海拔地区主栽晚熟品种肥麦,生育期长达11个月左右,有的甚至长达12个月以上。在海拔2 800～3 000米地区,晚熟冬麦在8月中下旬至9月中下旬播种,晚熟冬麦和春麦一般在9月中下旬至10月上中旬收获,两者时间上重叠,有利于晚熟冬、春麦上的条锈病菌就地传播给早播冬麦。通常9月20日以前播种的麦苗,都可不同程度地感染条锈病,播种越早发病也越早,就可能成为秋苗发病的菌源基地。当地条锈病菌在未冻枯的绿色叶片上以菌丝体或夏孢子残存越冬。川西越夏区内也存在着条锈病菌既可越冬也可越夏的区域,有利于新菌系的保存和积累,因而川西高原特别是川西北也是我国条锈病菌易变区。此地区恰好处于玉米分布的上限地带或其边缘地区,是海拔1 800～2 800米的高山河谷地带,小麦垂直分布,条锈病菌就地完成周年循环。

川西高原秋季受西风环流控制,多西风、西北风和西南风,条锈病菌源很易被吹送到盆地内部。川西高原与毗临省区以及临近的北方麦区也可能存在菌源交流关系,参与构成大区间条锈病菌的周年循环。

(五)云南省的流行

云南省是一个低纬度的高原山区省份,地貌类型复杂,各地相对高差很大,一年四季都有小麦种植,常年小麦播种面积达 60 万公顷。小麦种植制度非常复杂,在高原山坡有"地麦"(雨养麦田),平坝区则有"田麦"(灌溉麦田)。高原坡地的雨养麦在春末夏初播种,夏、秋季生长,冬前收获,俗称"年麦"。中山坡地与平坝周围低山坡地的雨养麦,在冬前播种,翌年春末夏初收获,称为"冬麦"。另有春季播种,秋末收获的,俗称"春麦";夏初播种,秋末收获的,俗称"秋麦";夏末秋初播种,冬季收获的,称为"早地麦";秋末至冬前播种,翌年春末收获的,称为"地麦"。由于这种复杂的种植制度,周年存在可供条锈病菌侵染的寄主。

小麦条锈病主要分布在中西部和北部海拔 1 600~2 400 米的冬麦区,严重年份波及南部和东部麦区。20 世纪 60 年代以来,先后发生了 1963 年、1973 年、1979~1981 年、1998 年、2001~2003 年等多次全省范围内的大流行。在 1982~1997 年间,因防治得力和实行抗病品种合理布局,条锈病在全省范围内没有严重流行。

1. 越夏 云南省小麦条锈菌的越夏方式有两种,一是在滇中和滇西北温凉山区与就近谷坝区辗转侵染越夏,二是在滇西北高海拔坝区就地连续侵染越夏。

云南省中海拔山区高度为 2 000~3 100 米,在 2 200~3 100 米地带,小麦条锈病菌在自生麦、秋麦、晚熟冬麦和春麦上越夏,在低于 2 200 米和高于 3 100 米的地带不能越夏。高海拔谷坝区处于 1 400~2 400 米的地带,在 2 200~2 400 米区域内,条锈病菌主要在自生麦和秋麦上越夏。因而云南省越夏海拔高度下限是 2 200 米，上限是 3 100 米，亦即在夏季最热旬均温 13℃～18.9℃，月均温 13.6℃～18.4℃的地区都可以顺利越夏。越夏菌源与早播地麦衔接。在滇西、滇中与滇西北地区，两者衔接发病的时间分别是 10 月上旬、10 月下旬和 12 月初。

经云南省植保所等单位 1979～1982 年的系统调查，发现昆明、玉溪、曲靖、楚雄、大理、丽江等 6 个地（州、市）都有条锈病菌越夏区，总面积约 1.48 万公顷。杨世诚、孙茂林等将其划分为 3 个越夏区（表 15）。

表 15　云南省境内的小麦条锈病菌越夏区

越夏区名称	地理范围	条锈病菌越夏特点
滇中温凉山区自生麦越夏区	包括昆明、曲靖、玉溪、楚雄等地。主要越夏基地在安宁、呈贡、富民、玉溪、通海、澄江、马龙、宣威、禄劝等县海拔 2200～2500 米的山区	在自生麦上越夏，越夏场所分散、影响范围广，越夏面积约 7666.7 公顷
滇西温凉山区和高海拔坝区自生麦、晚熟冬麦越夏区	位于大理州，主要越夏基地在洱源、大理、巍山、剑川等县的海拔 2200～2800 米山区和高海拔坝区	在自生麦、秋麦、晚熟冬麦上越夏，以自生麦苗为主，越夏场所集中，菌量大，对当地条锈病流行影响大，越夏面积约 1666.7 公顷
滇西北高海拔坝区自生麦、春麦越夏区	包括丽江地区的丽江和宁蒗县，越夏基地主要在海拔 2390～3100 米的高坝区和高寒山区	在自生麦、秋麦、晚熟冬麦、春麦上越夏，以自生麦为主，菌量多，影响当地及邻近各县。越夏面积约 5533.3 公顷

滇西北的宁蒗县与四川凉山州越夏区毗邻,将川滇两省越夏区连成一片,构成了西南大片越夏区,进而与陇南南部和西北越夏区衔接,可能共同影响我国东部条锈病流行。

2. 越冬和春季流行 在云南省主要高产麦区,全年最冷月份即1月份的月均温多在5℃以上,条锈病菌可在大面积"田麦"上顺利越冬。越冬期也是春季菌源的初始积累期。暖冬有利于条锈病大流行,在5个大流行年份,昆明、玉溪、大理等地1月份日均温都超过5℃,达6℃~9℃。

春季各地病田经历零星发病期、中心病塘发生期、普遍率增长期、严重流行期和病害衰退期等5个时期。上述阶段发生时间的迟早,各地有所不同。在滇中中熟麦区,大约在2月上旬出现零星病点,2月下旬至3月上旬出现中心病塘,3月中下旬普遍率开始增长,4月上中旬严重危害,4月下旬至5月上旬田间病害衰退。在云南省大部分麦区,小麦生育期的气温、光照、雨量和露湿条件皆可满足条锈病发生。在湿度条件方面,影响自生麦、晚熟冬麦、春麦及秋麦、旱地麦、地麦条锈病流行的是雨量和雨时,影响"田麦"条锈病流行的主要是露湿和露时。在温度条件方面,冬季气温偏高可使流行期提早,流行程度加重。

3. 流行区划 综上所述,云南省小麦条锈病菌的越夏菌源首先侵染秋麦、旱地麦,进而传播侵染地麦,再转染田麦。田麦发病后期,条锈病菌夏孢子又随气流上升到山上和高坝区域,侵染自生麦、晚熟冬麦、春麦、秋麦等越夏,完成周年循环。云南省可划分出5个小麦条锈病流行区,如表16所示。

表16 云南省小麦条锈病流行区划

名　称	地理范围	条锈病流行特点
滇中高原湖盆流行区	昆明市、曲靖市、玉溪市、楚雄州的34个县(区),海拔1581~2037米,属于中熟冬麦区	常发区,3月中下旬发病
滇西中山盆地流行区	保山地区、大理州的16个县(市),海拔1438~2200米,属于中熟冬麦区	常发区,在3月下旬至4月上中旬发病
滇西北高山峡谷流行区	丽江地区和迪庆州的4个县,海拔2240~3593米,属于晚熟冬麦及春麦区	常发区,在5月初发病
滇西南中山宽谷流行区	临沧地区和保山地区的5个县,海拔1463~1659米,属于早熟冬麦区	扩大蔓延区,在2月底至3月初发病
滇东北山原流行区	昭通地区和曲靖地区的5个县和东川市。海拔1600~2252米,属于晚熟冬麦区	扩大蔓延区,一般在4月底至5月初发病

第五章 小麦品种抗病性及其利用

一、小麦品种的抗病性

抗病性是指植物体减轻或克服病原物致害作用的可遗传特性。对抗病性有广义的和狭义的解释,广义抗病性是指植物一切与避免、中止或阻滞病原物的侵入、扩展,减轻发病和降低损失程度有关的特性;狭义抗病性仅指植物抵抗病原物侵入、扩展和繁殖的性状。植物抗病性可以从不同角度,按照不同标准划分为多种类别。小麦的抗锈性根据其寄主专化性,可分为非寄主抗病性和品种抗病性,现今在育种中所应用的是品种抗病性。当代已经能够利用染色体工程等新技术,将近缘种、属的抗病基因移入小麦,但所表达的抗病性具有品种—小种专化性,仍然是品种抗病性。小麦的抗锈性是小麦与锈菌在长期的共同演化过程中形成的复杂性状,主要有低反应型抗锈性、慢锈性、高温抗病性、耐锈性、避病性、诱导抗病性等类型。

(一)低反应型抗锈性

低反应型抗锈性是锈菌侵染所诱导的一种主动抗病性。小麦育种的主要目标之一,就是将抗病基因导入农艺性状优良的育种材料,培育高产优质的低反应型抗锈品种。现今所推广使用的小麦品种,大都具有针对一定小种的低反应型抗病性。因而,低反应型抗病性是最常见的抗病性类型。

1. 表达特点　低反应型抗锈性属于定性抗病性，可依据反应型级别定性划定。反应型为 0 型的品种称为免疫品种，反应型为 0; 型的称为近免疫品种，反应型为 1 型的称为高度抗病品种，反应型为 2 型的和表现 X 型（混合型）反应的均称为中度抗病品种。低反应型抗锈性的抗病效能高。免疫至近免疫的品种完全抑制了病原菌的侵染，不产生夏孢子堆。高抗品种也迅速抑制了病原菌的侵染，病原菌虽可产生不正常的孢子堆，但基本不能繁殖。中抗品种对条锈病菌的侵染也有强烈的抑制作用，产孢量显著降低，产孢期显著缩短，发病严重度和流行速率相应降低。

低反应型抗锈性具有小种专化性，仅抵抗条锈病菌匹配的生理小种，而不抵抗其他小种。条锈病菌的生理小种区系发生变化，出现了毒性不同的新小种，抗病品种就可能因不抵抗新小种而沦为感病品种。这种抗病性失效的现象，习称为抗病性"丧失"。抗病性失效是应用低反应型抗病性所面临的最严重问题。但另一方面，低反应型抗锈品种也不乏持久抗病的实例。

从流行学上看，低反应型抗病品种是通过减少初始菌量而推迟流行的。若对现存全部小种免疫，则初始菌量为零，不发生锈病。如对占锈菌群体 99% 的小种免疫，则相当于把初始菌量减低到 1%，这 1% 小种仍能高速发展，但流行时间推迟。这种流行学效应，不应当误解为垂直抗病品种不能降低流行速度。如前所述，表现 1 型和 2 型反应的抗病品种比表现 3 型和 4 型反应的感病品种，孢子堆小得多，产孢量也少得多，因此对同一个小种而言，前者当然可以显著减低流行速度。

低反应型抗锈性受主效基因控制，大多为单基因简单遗传,部分为寡基因遗传。已经鉴定并正式命名的抗条锈病基因有33个,还有80多个基因尚待正式命名。这些抗病基因绝大部分为显性或不完全显性基因,仅少数为隐性。抗病基因与条锈病菌无毒基因之间的互作符合"基因对基因"学说。

低反应型抗病性品种多数全生育期抗病,少数品种苗期感病、成株期抗病,少有苗期抗病、成株期感病的。只在成株期表达的抗锈性被称为"成株抗锈性",著名的抗病品种绵阳11号和其他一些绵阳系统品种就具有成株抗锈性。成株抗锈品种由感病转化为抗病的生育阶段依品种而异,绵阳11号在5叶期出现由感病向抗病的转化,7叶期成株抗病性得以表达。

低反应型抗锈性一般对环境条件的变化表现稳定。但温度、光照等环境要素的异常变动也影响反应型的级别。有些品种反应型级别有随温度升高或光照减弱而降低的趋势。低反应型抗病性所指的"低反应型",是指在条锈病菌在正常温度和光照下,正常侵染所表达的反应型,而非高温、寡照时的异常反应型。

2. 抗病机制 低反应型抗锈性的抗病机制是发生过敏性坏死反应。过敏性坏死反应又称为过敏性反应(hypersensitive response),简称HR反应,指植物对病原物侵染表现高度敏感的现象。发生此种反应时,叶片上侵染点细胞及其临近细胞迅速坏死,病原物受到遏制,或被封锁在枯死组织中而死亡。病叶不表现肉眼可见的明显症状或仅出现小型枯死斑,据此可划分为级别较低的反应型。

组织病理学研究表明,条锈病菌侵入感病品种后,菌丝在叶肉细胞间扩展,不断形成吸器母细胞和吸器,反复分支,无叶肉细胞坏死(彩图12),而低反应型抗条锈品种的共同特点是受到条锈病菌侵染后表现侵染点的寄主细胞坏死,锈菌菌丝生长受抑制(表17)。但是,因品种具有的抗病基因不同,过敏性坏死反应在细胞水平的表现也不相同,其中至少有以下4个类型。

(1)寄主细胞早期坏死型　此种抗锈性表达最早出现在条锈病菌初生吸器母细胞形成后,发生典型的叶肉细胞过敏性坏死,完全抑制了菌落发展。免疫和近免疫品种中条锈菌产生1个或数个吸器母细胞后,发育完全中断。高抗品种的叶肉细胞坏死后,菌落仍略有生长(彩图13,彩图14)。

表17　小麦品种接种条锈病菌后96小时侵染点的特点

品　种	反应型	吸器母细胞数目	寄主坏死叶肉细胞数目	含坏死寄主细胞的侵染点百分率(%)	菌落线性长度(微米)	
					含坏死细胞的	不含坏死细胞的
抗病品种						
水源11	0	1.7	2.4	100	20.8	—
抗引655	0	2.0	1.4	100	15.9	—
洛夫林10	0;	3.0	3.9	100	26.9	—
洛夫林13	2	6.0	1.2	100	40.4	—
泰山1号	2	4.6	1.9	92	31.0	30.9
感病品种						
辉县红	4	>50	0			106.8

(2)条锈病菌早期抑制型　某些高抗品种中,条锈病菌吸器母细胞的形成和侵染菌丝的生长早期被抑制,但叶肉细胞坏死出现较晚。

(3)锈菌抑制滞后型　某些中度抗病品种在条锈菌侵染

早期,叶肉细胞就发生坏死,但菌落仍继续发育,滞后一段时间后方受到抑制。

(4)晚期坏死抑制型 在某些中抗品种中,条锈病菌菌落受抑制和叶肉细胞坏死都延迟出现,坏死叶肉细胞分布在菌落边缘或散生在侵染菌丝之间(彩图15)。

上述组织病理学研究结果,揭示出低反应型抗锈性抗病表现的复杂性,低反应型抗锈性可能存在不同的机制,且在过敏性坏死反应中,寄主细胞坏死并非都是条锈菌受抑制的直接原因。

小麦品种过敏性反应过程有一系列细胞学变化,包括产生防卫物质、防卫结构以及寄主细胞的坏死解离。条锈病菌吸器母细胞侵入叶肉细胞时,寄主细胞壁染色加深,变厚,质膜内陷。在细胞壁与质膜之间形成了乳突状结构和颗粒状沉积物(图9)。条锈病菌侵入叶肉细胞后,吸器发育失常。吸器周围沉积胼胝质,有的胼胝质可完全包围吸器,部分吸器在

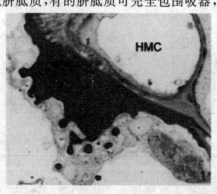

图9 小麦抗病品种被条锈病菌侵染后叶
肉细胞壁内侧的胼胝质沉积
(HMC为病菌吸器母细胞)

形成早期就受抑坏死(图10)。还有一些吸器在形成之后受抑坏死,此时吸器外质膜皱褶,并出现孔洞,吸器外基质加宽,并有大量电子致密度加深的物质沉积(图11)。

 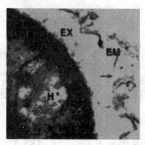

图10 条锈病菌吸器(H)被胼胝质(C)包围

图11 条锈病菌吸器外质膜皱褶和出现孔洞(箭头所指)
(H:吸器;EM:吸器外质膜;EX:吸器外基质)

与此同时,寄主细胞膜系统电子致密度加深,并有电子致密物沉积、线粒体肿胀、内脊消失、内质网不规则、高尔基体等细胞器解体为泡囊、叶绿体外膜破裂、细胞核凝聚、质膜内陷,最终整个细胞解体并坏死。

过敏性细胞死亡受病原菌无毒基因产物与植物抗病基因产物之间的直接或间接互作所控制,两者的识别启动多种信号途径。在细胞死亡之前就发生质膜透性和离子流的改变,活性氧的迸发,水杨酸积累,细胞骨架重排等变化。在不亲和反应初始阶段,寄主RNA和rRNA合成能力显著增强,可翻译mRNA和poly(A^+)-RNA水平迅速升高,蛋白质合成异常活跃。伴随过敏性反应发生了一系列生理生化变化,包括防御酶系的改变,半胱氨酸蛋白酶的变化,酚类物质、木质素积累以及发病相关蛋白质的产生等。

低反应型抗条锈性是在锈病防治中所利用的主要抗病性类型。在我国小麦农家品种、育成品种、由国外引进品种和小麦的近缘种属中,都蕴藏有丰富的低反应型抗条锈种质资源。

(二)慢锈性

慢锈性是一类定量性状抗病性,即用定量指标表示的抗病性。品种之间的差异不表现为反应型的差别,而表现为数量性状的差异。农家品种中具有较多慢锈材料,是宝贵的抗病种质资源。在改良品种中,慢锈性可能作为遗传背景存在,也可能因不加选择而趋于消失。

1. 表达特点 慢锈品种的抗病组分复杂,包括侵染概率较低,潜伏期或潜育期较长、产孢量较低、产孢期较短等。慢锈品种的潜育期长,普遍率和严重度较低,病情上升速度较缓,寄主受害较轻,产量降幅较小(表18)。衡量品种慢锈性的定量指标种类很多,常用的有严重度、病情指数、病害流行曲线下面积(AUDPC)、表观流行速度(r)等。在室内研究中,还有人用慢锈性组分,如潜育期或潜伏期、侵染频率、产孢期、产孢量、菌落密度、病斑数量等需精细测定的指标。潜伏期是一个流行学概念,表示从接种到开始产生夏孢子所需的天数,与潜育期不同。慢锈性的流行学特征是降低流行速度,使得菌量积累较慢,从而推迟流行。

慢锈性是小种非专化抗病性,对条锈病菌的各个小种都表现某种程度的抗病性,因而也不会因为小种的变迁而失效。总之,慢锈性的抗病效能虽然比低反应型抗病性低,但能够持久有效。当然,"小种非专化性"这一命题难以做出完全的证明,实践中多是根据已有小种的接种试验,或者根据品种发病后流行学特点所推定的。曾有人根据慢锈品种与病原菌小种之间没有特异性互作,而将之归类为"水平抗病性"品种。但是,也有人对抗病性组分进行了精密测定,证明它们也有某种程度的小种专化性或小种间差异,有关性状的品种－小种互作虽然较小,但仍很显著。慢锈性是由多数微效基因控制的,属数量性状遗传,因而也被称为多基因抗病性或微效基因抗病性。

表18 小麦慢(条)锈性品种的特点

(袁文焕等,1996)

类 型	代表品种	潜育期比对照延长的天数	严重度(%)	千粒重损失率(%)
高度慢锈	里勃留拉、武都白茧	5～7	<10	<5
中度慢锈	平原50、小偃6号、阿夫	3～5	11～25	6～10
低度慢锈	陕西蚂蚱、咸农4号	2～3	26～40	11～20
中度感锈	北京8号、泰山1号	1～2	41～80	21～30
高度感锈	铭贤169、燕大1817	0	81～90	>30

慢锈性对环境和菌量的变动比较敏感。在环境条件非常适于发病或菌量过大时,往往发病较重,而环境和菌量正常时,则发病较轻。

2. 抗病机制 对慢锈性的抗病机制研究较少。我们曾用荧光显微技术,研究了慢条锈品种的组织病理学特点。在苗期接种试验中,典型慢锈品种陕西蚂蚱麦、东方红3号和农大198表现菌落线性生长受抑,吸器母细胞减少,部分侵染点出现叶肉细胞坏死。接种后120小时,慢锈品种接菌叶片内菌落线性长度仅为感病品种的1/4～1/3,仅东方红3号接种条中28号小种后虽前期菌落生长受抑,但84小时后生长加快,最终与感病品种相似。多数慢锈品种在接种后120小时,单个菌落平均吸器母细胞数少于7.6个,而此时快锈感病品种则有 50 个以上。多数在接种后 60~84 小时,出现叶肉细胞坏死,单个侵染点坏死细胞平均数在 0.05~4.58 个范围内。坏死细胞产生于菌丝扩展过程中,散生在菌丝间或菌落周围。显然,慢锈品种苗期的菌落受抑制不能用叶肉细胞坏死一个因素解释。

上述慢锈品种成株期组织病理学的主要特征为菌落早期败育,即锈菌侵染菌丝在形成初生吸器后停止生长。其次也表现出吸器母细胞减少,菌落线性生长减低和叶肉细胞坏死。各品种菌落败育率相当高,变动于 33.4%~64.3% 之间。慢锈性表达也伴随过敏性坏死反应,坏死细胞有两种分布类型:其一,在锈菌侵染初期,少数与初生吸器母细胞接触的叶肉细胞坏死,终止侵染点中菌落的发展,形成早期败育,但发生的频率很低;其二,不产生早期败育的菌落可继续扩展,坏死细胞分布在次生侵染菌丝间,不引致菌落败育,但菌落发展也受到抑制,菌落线性长度减低,仅为感病对照品种的 1/3~1/2(彩图 16)。

条锈菌与慢锈性小麦品种互作的超微结构研究表明,慢锈性具有与低反应型抗锈性相同的过敏性坏死反应特征,但慢锈品种中寄主叶肉细胞坏死数目较少,仅部分阻抑了病菌的扩展,病菌受抑、坏死程度轻。慢锈品种寄主细胞还产生了防卫反应结构物质,但此类物质明显比低反应型抗病品种的少。随着慢锈性的表达,条锈菌的胞间菌丝发育受抑,细胞器泡囊化解体,吸器母细胞和吸器发育受阻,最终坏死(图 12)。吸器被抑制和发生坏死,主要表现在吸器体形成后期。在锈菌与寄主互作的交界面,吸器外质膜皱褶、电子致密度增高,吸器外间质加宽,并有大量电子致密度加深的物质沉积。与低反应型抗病品种相比,慢锈品种中病菌受抑、坏死程度轻,寄主细胞的过敏性坏死率也较低。

(三)高温抗锈性

高温抗锈性是小麦品种在较高环境温度下表达的一种低反应型抗病性。我国西北地区东部的农家品种和改良品种中,有丰富的高温抗锈资源。在20世纪90年代,利用田间接种筛选和室内控温

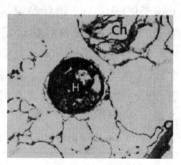

图12 慢锈品种叶肉细胞解体,条锈病菌吸器坏死

(H:吸器 Ch:叶绿体)

鉴定等方法,在400余份陕西农家品种和92份改良品种(系)中发现了28个具有高温抗条锈性的品种(系)。后来在陕西、甘肃栽培品种和小偃系列品种中又确认了一批高温抗条锈性品种或品系。

1. 表达特点 高温抗条锈品种表现低反应型抗病性。商鸿生等(1997)利用"温度转换培养法",即在一定的病程阶段,将接种植株由常温转移至高温环境中培育的方法,测定高温抗锈性表达的病程阶段。结果表明,在潜育期和显症期(花斑期)经受高温诱导后,接菌叶片孢子堆显著减小,病斑组织出现强度褪绿和枯死,反应型级别降低,表现抗病反应(彩图17,彩图18),而在产孢期即使受到高温诱导也不表现明显的抗病反应(表19)。

利用典型抗病品种做梯度温度试验,证明18℃~21℃为高温抗条锈性表达的最低温度,在品种间略有不同。宛原18-36品种在18℃时,反应型即有明显降低,小偃6号在18℃时也开始转变为抗病反应,而兰天1号(77-69)在21℃时才发生

上述变化(表20)。诱导高温抗锈性所必需的最短处理时间为8~12小时。接种后在给定的高温下诱导处理8~12小时,一次处理即可诱导高温抗锈性,延长处理时间或增加处理次数,不能再增强抗锈性。而每天处理时间低于8小时者,虽经多天连续处理,也不表现高温抗锈性,这表明高温诱导处理无累积效应。

表19 在不同病程阶段由常温转移到高温后反应型的变化

品　种	常温(14℃)	转移至高温(21℃)后		
		潜育期	显症期	产孢期
小偃6号	3	1~2	1~2	3
兰天1号	3~4	1~2	2	3
宛原18-36	3	0;~1	0;~1	3-
辉县红(对照)	3~4	3~4		3~4

表20 高温抗病性品种在不同温度下的反应型

(商鸿生等,1997)

品　种	14℃	16℃	18℃	21℃
小偃6号	3	3-	2	1~2
兰天1号	4	3	3	1~2
宛原18-36	3-	3	1~2	0;~1
铭贤169(对照)	3~4	3	3	3

根据高温抗病性表达的生育阶段不同可将高温抗锈品种划分为3个类型,即全生育期高温抗病类型,苗期高温抗病类型和成株期高温抗病类型。大多数品种属于全生育期高温抗病类型。

高温抗条锈性没有小种专化性,用条中23号、条中25号、条中26号、条中27号、条中28号和条中29号等小种接种供试农家品种和改良品种,都没有发现高温抗锈性的小种专化性。又用新小种或新类型条中30号、条中31号、条中32号、水源11-5、水源11-13等进行测定,结果表明高温抗锈品种仍稳定抗病。

高温抗条锈性仍属于低反应型抗病性,受少数主效基因控制,而非微效基因抗病性。例如,小偃6号对条中31、条中29号和Su 4的抗病性是由1显1隐2对基因独立控制的,对条中30号和条中32号的抗病性则由2对互补显性基因控制。

高温抗锈性表达后,伴随反应型的变化,孢子堆数量减少,孢子堆变小,产孢量减少,产孢期缩短。以小偃6号、兰天1号(77-69)和宛原18-36为例,高温抗锈性表达后叶片孢子堆线性长度减少43.3%～70.9%,产孢量减少63.6%～86.6%,产孢期缩短4.4～8.3天。

高温抗锈品种在田间条锈病流行条件下,防病保产作用非常优异。据1989～1992年田间系统测定表明,在陕西省关中灌区自然条件下,5月初发生抗锈性的由感变抗的转换,此后条锈严重度和病情指数无明显增长。1991年春季小偃6号病情指数平均日增长率为0.13%,兰天1号(77-69)为0.16%,而感病品种辉县红达0.32%。至发病高峰期,辉县红病情指数100%时,小偃6号为40.1%,兰天1号(77-69)为24.5%。

据对28个高温抗锈品种田间保产效果实测,其千粒重减低率为0.3%～14.6%,穗粒重降低率为4.8%～18.8%,穗粒数降低率为0～13.2%,而感病对照品种辉县红因病千粒重减低 33.7%,穗粒重减低为 42.1%,穗粒数减少 6.3%。根据多年田间调查结果,高温抗锈品种具有持久抗病特性。例如,小偃 6 号是利用染色体工程育成的高产优质品种,种植面积曾达 400 万公顷以上,20 世纪 80 年代初期就已出现能侵染该品种的多个条锈菌毒性小种,但至今仍保持田间抗锈性。

2. 抗病机制 高温抗病性不影响条锈病菌在小麦叶面上产生附着孢和侵入,但诱导侵染点部位的寄主细胞迅速坏死。接菌小麦在潜育初期转移至高温后 12 小时,就出现细胞坏死和细胞木质化,48 小时后含有坏死细胞的侵染点即达 96%,与此同时单个侵染点的吸器母细胞数减少,菌落线性长度减少,按抗条锈性组织病理学分型标准,属于寄主细胞早期坏死型。

若接种苗在显症期受到高温诱导,则只有与新生吸器母细胞接触的寄主叶肉细胞过敏性坏死,坏死细胞群主要分布在菌落周围,限制了菌落扩展,其表观特征颇类似于低反应型抗病性的晚期坏死抑制型(彩图 19,彩图 20)。

电镜检查表明,高温抗锈性的细胞学特征与一般低反应型抗病性的典型的过敏性坏死反应相似。叶肉细胞形成了侵染诱导的防卫结构和次生物质,条锈病菌菌丝被抑制,细胞器泡囊化,迅速解体,吸器母细胞和吸器发育受阻、畸形、坏死,吸器外质膜皱褶,电子致密度加深,并出现孔洞。同时,小麦叶肉细胞的膜系统明显病变,细胞器解体,细胞质凝聚,质膜内陷,最终整个细胞坏死解体。

高温抗条锈性表达时也发生了一系列防卫反应。高温处理 12 小时后,病叶苯丙氨酸解氨酶活性就有明显增强,到 24 小时后出现特异酶活性高峰,这表明苯丙氨酸解氨酶活性与高温抗锈性表达有密切关系。过氧化物酶与高温抗锈性的关系较为复杂,可溶性过氧化物酶活性和过氧化物同工酶与高温抗锈性表达无明显相关性,但与寄主细胞壁结合的过氧化物酶与高温抗锈性表达有密切关系。高温处理12小时,与细胞壁以离子键结合的过氧化物酶和以共价键结合的过氧化物酶都表现活性增强,24小时后两类酶的活性达到最大值。此后酶活性虽有下降,但仍高于常温对照,直至产孢期。壁结合过氧化物酶的特异性变化可能与木质素的特异性合成有关。

高温处理24小时后,小麦叶片木质素含量明显增加,至72小时则增加至常温对照的2.52倍(小偃6号)和2.29倍(兰天1号)。此后虽有下降,但仍高于常温对照。这表明高温诱导的木质素迅速积累是高温抗锈性的重要机制。

另外,利用标记氨基酸掺入和放射性测定,以及Poly(A$^+$)-RNA体外转译与产物鉴定等方法研究了蛋白质合成与高温抗锈性的关系。蛋白质活体内合成试验发现接种苗移入高温环境24小时后,接种叶中标记氨基酸掺入率分别增至未经高温处理接种叶的1.51倍和高温处理未接种叶的1.42倍。Poly(A$^+$)-RNA体外转译,进一步证明接种叶出现了编码多种新多肽的mRNA,产生了6种分子量不同的发病相关蛋白质,因而高温抗锈性的表达与基因活化和蛋白质的产生有关。

高温抗条锈性是一种持久抗病性,且表现为定性抗病性状(低反应型),由主效基因控制,易于鉴选和利用。诱导温度相对较低,诱导时间很短。在各主要小麦栽培地区自然条件下,在条锈病病情显著增长前即能发生感、抗转变,利用高温抗锈性是解决品种抗锈性变异的一条新途径。

(四)其他抗锈性类型

在田间和室内抗锈性鉴定中,所观察到的抗病现象虽然不少,但已确定的抗病性类型并不多,除了上述3类外,本节简要介绍避锈性、耐锈性、水分胁迫或无毒小种所诱导的抗锈性。

1. 避锈性 与对其他病害的避病性一样,属于广义抗病性范畴。植物因不能接触病原物或接触的机会减少,而不发病或减少发病的现象称为避病。处于易感阶段的植物,可能因为时间错开或者空间隔离,而躲避或减少了与病原物的接触。前者称为"时间避病",后者称为"空间避病"。

条锈病春季流行需要一个菌量积累过程,只有菌量积累到一定程度后,才会严重发病。早熟品种通常可避病,在发病盛期到来时,早熟品种所处的生育阶段较晚,损失也就相对减少。在春季以外来菌源为主的小麦条锈病流行地区,早熟品种也有避病作用,若外来菌源到达较晚,避病作用更为明显。在锈病发生比常年提早的大流行年份,此类早熟避锈品种也可能受到较大的损失。

小麦叶片上举,叶片与茎秆间夹角小的品种比叶片平伸的品种,其叶面着落的病原菌孢子较少,还不易附着露水,因而条锈病发生轻,这是空间避病的实例。

2. 耐锈性 耐病性是植物的抗损失能力,亦属于广义抗病性。耐锈品种在严重感染锈病时,产量损失仍显著低于感病品种。耐锈品种可能具有较强的生理补偿作用,如根系发达,吸水能力强,光合作用效率较高,灌浆速度较快等,足以抵消锈病造成的一部分损失。在锈病流行时,耐锈品种的保产作用很明显。蚰子麦、石特14、蚂蚱麦、定县72等4个耐条锈品种发病后千粒重降低率平均为7.1%，而感锈品种高达27%。在严重发病情况下，仍有40%以上的相对保产效果。

许多早期研究没有严格区分耐锈性和数量性状抗锈性，所鉴定的耐锈品种，有可能是具有数量性状抗病性的品种。另外，在生产实践中，某些品种在条锈病大流行的年份，虽然普遍发病，但产量损失较轻。习惯上将这类品种视为耐病品种，并没有进行详细研究。这类品种可能确为耐锈品种，也可能具有某种程度的抗病性，需要加以甄别。

3. 水分胁迫诱导的抗锈性 商鸿生等(2004)系统研究后发现，小麦品种京农79-13、咸农151、小偃6号和蚂蚱麦等对条锈病具有水分胁迫所诱导的抗病性。挑战接种后，叶片上仅出现很少的微小孢子堆，不产孢，反应型为1型。

这些品种在正常水分条件下(土壤相对含水量72%～75%)表现亲和反应，幼苗用条锈病菌接种后8天显症，12天出现大量孢子堆，16天进入产孢盛期，20天后仍有夏孢子产生。京农79-13和咸农151的反应型为4型，小偃6号和蚂蚱麦为3型，平凉21为3+型。

若出苗后进行水分胁迫处理，使土壤相对含水量稳定在37%～40%。胁迫形成后，用条锈病菌进行挑战接种，这些品种在接种后8天显症，12天出现枯斑，16天后出现很少的微小孢子堆，不产孢，反应型为1型。总之，这类品种在水分胁迫诱导下表达了低反应型抗病性。

咸农151、平凉21、京农79-13等品种在我国黄土高原东部，特别是在陇南干旱山区多有种植，条锈病流行年份保产效能很明显。在干旱时，伴随诱导抗病性表达，这些品种病叶的蒸腾速率、叶片扩散阻力、相对含水量和水势逐渐趋近健叶水平，并具有较健叶更低的渗透势和更高的压力势，保持了有效的水分调控能力。

4. 无毒小种诱导的抗锈性 约翰逊等(1975)发现,接种条锈病菌无毒小种可以诱发对后续毒性小种侵染的局部诱导抗病性,使产孢期推迟,产孢量下降。后来有人发现此种诱导抗病性使侵染效率降低,病斑扩展面积减小,而对产孢量没有影响。肖悦岩等(2003)通过系列试验证明无毒小种诱导的抗病性比较普遍地存在,但表现程度却因小麦品种、诱导小种和挑战小种而不同。诱导抗病性的表达时间可持续8天,以诱导接种后1～2天表达最强。诱导接种量与诱导抗病性表达呈指数函数关系。他们认为,此种诱导抗病性是局部的,类似一种"占位效应"。

二、品种抗锈性与病原菌毒性的遗传

早在1905年,英国科学家比芬发表了关于小麦抗条锈病遗传规律的研究报告,从而启动了关于植物抗病性和病原物毒性的孟德尔遗传学研究,但直至病原菌生理小种发现之后,这项研究才全面展开,20世纪60～70年代达到了研究的高峰时期。此类研究主要是为抗病育种服务的,目的在于揭示抗病品种或抗原材料所具有的抗病基因(孟德尔遗传因子)及其传递规律。

(一)低反应型抗锈性的遗传

低反应型抗病性是由单个或少数主效基因控制的,称为单基因抗病性或寡基因抗病性。由于其遗传方式简单,在抗锈育种中应用广泛。

1. 基本分析方法 低反应型抗病性的遗传分析,是用病原菌的单个小种,在人工接种条件下,依据孟德尔分离和独立分配定律分析有性杂交子代的表型,以了解控制品种抗病性的基因数目、显隐性、基因互作以及其他遗传性质。由抗病、感病亲本杂交的子一代(F_1)表型,可以判断抗病基因的显隐性。分析子二代(F_2)、子三代(F_3)和回交群体的分离情况,即可推定抗病基因数目和基因互作。进一步还需鉴定这些基因与已知抗病基因的异同。若系新发现的基因,尚需用细胞遗传学方法进行染色体定位和基因命名,进而用连续回交的方法选育单基因系。

常用的传统基因定位方法是单体分析法,这需要有一套单体材料。我国早在20世纪50年代初,就培育出第一套小麦单体材料,为小麦的基因定位工作奠定了基础。1966年发表了用单体分析法将中国春166携带的 $Yr1$ 基因定位在2A染色体上的研究报告,以后陆续有60多个抗条锈基因的染色体位置得到了确定。单体分析法比较繁琐,现已利用分子标记方法,进行抗病基因的染色体定位。例如,魏艳玲等(2003)利用SSR分子标记技术,将来自斯卑尔脱小麦的一个抗条锈病基因定位于小麦3A染色体上,并暂命名为 $YrSp$。

抗病性遗传分析是根据子代分离个体的表型,来推断涉及的抗病基因数目和基因互作。表型判断失误,就可能导致分析结果错误。造成表型判断失误的原因首先是把品种抗病性鉴定标准,想当然地用于区分抗病与感病表型,而没有考虑所涉及的抗病基因真实的表型特点。另外,试验条件不利于抗病性表达,也是常见原因。

低反应型抗病基因是小种专化性抗病基因,即 R 基因,多以英文病害名称或病原菌名称的缩写形式顺序命名,不同病害各有其习惯方法。抗条锈病基因用Yr来命名,Yr为条锈病英名（yellow rust）的缩略语。例如 $Yr6$ 基因，为小麦上登记的第六个抗条锈病基因。

2. 主要遗传特点　已经进行了大量低反应型抗病品种和抗原材料的遗传分析，由这些分析结果，可归纳出低反应型抗锈性的主要遗传特点。

（1）基因数目和显隐性　针对一定的小种而言，一个抗病品种多数含有 1 对抗病基因，但也可能含有 2 对、3 对甚至更多抗病基因。在多数情况下，这类主效基因为显性，少数为隐性或不完全显性。例如，抗条锈基因 $Yr2$、$Yr6$、$Yr9$ 等为显性，而 $Yr19$、$Yr23$ 等为不完全显性。某个基因的显隐性并不是一成不变的，品种的遗传背景、测定菌系和环境条件都可以改变显性程度。例如，有人发现 $Yr6$ 对小种 32E128 表现隐性遗传，但对小种 32E32 却表现显性遗传。

在抗病育种中，人们往往注重选用显性基因，这是因为在杂交后代中会出现多数含显性基因的抗病植株。若为隐性抗病基因，在子一代中无抗病植株，在其后各代中抗病植株比例亦小。但隐性单基因具有较易筛选的优点，这是因为在子二代中选出来的抗病植株，其抗病性就不再分离，而对于显性抗病基因，子二代选出的抗病株还需要在子三代确定其纯合性。

（2）复等位性和基因连锁　一些低反应型抗病基因座位有多个复等位基因。已知小麦染色体上有 2 个座位（$Yr3$，$Yr4$）具有复等位抗条锈基因。在 $Yr3$ 座位有 3 个复等位基因，即 $Yr3a$，$Yr3b$ 和 $Yr3c$。在 $Yr4$ 座位有 2 个复等位基因，即 $Yr4a$ 和 $Yr4b$。

$Yr5$ 与 $Yr7$ 可能是等位基因或紧密连锁的基因。有些抗条锈病基因与抵抗其他锈病的基因连锁，如 $Yr7$ 与 $Sr9g$，$Yr8$ 与 $Sr34$，$Yr9$ 与 $Sr31$ 和 $Lr26$，$Yr17$ 与 $Sr38$ 和 $Lr37$，$Yr18$ 与

$Lr34$、$Yr29$ 与 $Lr46$ 等。Sr 基因为抗秆锈病基因,Lr 基因是抗叶锈病基因。还有些抗条锈病基因与抵抗其他病害的基因连锁,如 $Yr1$ 与抗白粉病基因 Pm4a 紧密连锁,遗传距离为 2.0 ± 0.6 个单位。也有抗 3 种锈病的基因与抗白粉病基因的连锁,如 $Yr9$、$Sr31$、$Lr2$、$Pm8$ 各基因之间的连锁。有的抗条锈基因与控制形态特征的基因连锁,如 Yr10 与控制小麦褐色颖壳的基因连锁,可据此快速识别该抗病基因的存在。了解不同抗病基因之间的连锁,有助于基因分析、基因转移和抗病育种工作。

(3)基因效能　低反应型抗病基因具有多效性。抗病基因的效能差异很大,有的可以达到免疫或近免疫,有的只能达到中度抗病性,表现 2 型或 X 型(混合型)反应。有的抗病基因的表型,几乎难以与感病表型区分,没有经验的人,识别正确率甚低,往往造成遗传分析的错误结论。

大多数抗病基因能控制全生育期的抗病性,但有的只控制成株期抗病性,已知 $Yr11 \sim Yr14$、$Yr16$、$Yr18$、$Yr29$ 和 $Yr30$ 等基因控制成株期抗锈性。

品种的遗传背景可以影响抗病基因的效能,某些品种遗传背景中可能具有抑制因子或修饰因子。环境条件对抗病基因效能也有影响,抗条锈基因也有对温度和光照敏感的。

(4)非等位基因间的相互作用　在大多数情况下抗病基因都独立作用,很少有一个抗病基因抑制另一个抗病基因的现象,有时基因间有互补作用、上位作用或其他互作。互补作用是指两对独立分离的抗病基因,同时存在时才表达抗病性。上位作用(显性上位或隐性上位)指两对抗病基因共同存在时,其中一对基因掩盖了另一对基因的作用。通常抗病性较强的基因对抗病性较弱的基因上位。寄主基因型中有二个或多个基因控制对某一小种的抗病性时,可能表现出累加作用,此时,不但反应型降低,病害严重度也降低。

(5)抗病基因的残余效应　抗病基因被病原菌的匹配毒性基因"克服"之后,仍然会表现出微小的抗病效应,这种作用被称为残余效应或幽灵效应。有的学者认为定性抗病性被病原菌新小种克服之后,残余效应表现为定量抗病性或品种的背景抗病性。在我国小麦抗条锈育种早期育成的抗病品种很少,大量使用农家品种,每逢条锈病流行,就很严重。以后利用不同抗原,相继育成和推广了多批抗病品种。虽然由于新的优势小种出现,会使抗病品种"丧失"了低反应型抗锈性,但无论发病程度或损失率都趋于减轻。这可能是因为品种中积累了失效抗病基因的残余效应,有相当程度的背景抗病性。

(6)细胞质的影响　除了细胞核染色体上的基因外,在细胞质中也有遗传物质,主要存在于线粒体、叶绿体、中心体等细胞器中。由细胞质基因所决定的遗传现象称为细胞质遗传,其特点是正交和反交的遗传表现不同,子一代只表现母本的性状,因而称为母性遗传。

迄今所发现的抗条锈基因都是细胞核基因,位于染色体上。在小麦品种抗条锈性的遗传研究中,用抗病亲本与感病亲本杂交,有时正交与反交的结果并不相同。用抗病品种作母本,比用感病品种作母本,子代的抗病程度较高。这种差异不仅表现在杂交一代的反应型和严重度不同上,也影响显隐性表现和后代的分离比。这种现象称为母性影响,虽然与细胞质遗传有些相似,但它并不是由细胞质基因所决定的。

3. 抗条锈基因　已经鉴定并正式命名的抗条锈病基因有33个(表21),还有80多个基因尚待正式命名。多数基因已被定位在染色体上,除染色体7A和1D外,其他19条染色体上都有抗条锈基因,B组染色体上具有的基因最多,D组次之,A组较少。在正式命名的抗条锈病基因中,Yr11到Yr14的染色体位置还未确定。有的基因在不同品种中,位于不同的染色体。例如Yr8因所在的品种不同,或位于2D染色体上,或位于2A染色体上。

在已经命名的抗病基因中有10个来源于异种或异属。Yr5来自六倍体斯卑尔脱小麦(*Triticum spelt album*,即 *T. aestivum spelta*)。Yr8来自顶芒山羊草(*Aegilops comosa*,即 *T. comosum*)。Yr9是通过染色体代换或重组从普通黑麦(*Secale cereale*)转移到普通小麦中的。Yr15来自四倍体野生二粒小麦(*T. turgidum dicoccoides*)。Yr17来自偏凸山羊草(*Ae. ventricosa*,即 *T. ventricosum*)。Yr19来自拟斯卑尔托山羊草(*Ae. spelttoides*,即 *T. speltoides*)。在顶芒山羊草与普通小麦中国春杂交过程中,拟斯卑尔托山羊草是用来干扰同源染色体配对的。另外,Yr7和Yr24来自硬粒小麦(*T. turgidum durum*),Yr 26来自簇毛麦(*Haynaldia villosa*),Yr 28来自粗山羊草(*Ae. tauschii*,即 *T. tauschii*)。

但是,对于Yr 26的来源还有不同意见。该基因来自南京农业大学用簇毛麦、圆锥小麦和普通小麦杂交后获得的后代材料,而中国农业科学院品种资源研究所则进一步阐明了该基因位于1BS/6AL染色体上,来自圆锥小麦而不是簇毛麦。

我国重要小麦品种和抗原材料所具有的抗条锈基因有 $Yr1$、$Yr2$、$Yr3b$、$Yr4b$、$Yr7$、$Yr9$、$Yr10$、YrA、$YrSD$、$YrSel$、$Yr-SU$ 等抗条锈主效基因。其中含有 $Yr9$ 基因的品种最多,含有 $Yr1$ 基因的次之。

近年条中32号等小种和水14、水4致病类型频率增长很快,已经成为优势小种,致使主要抗原抗引 655、水源 11、繁 6 等以及大批抗锈品种失效。在现有抗原材料中,仅有含 Yr5、Yr10、Yr26 的尚表现全生育期免疫,含 $Yr6$、$Yr8$、$Yr11$、$Yr17$、$YrSel$ 的成株期表现抗病。含有 $Yr5$($T.\ spelta$),$Yr10$(Moro),$Yr12$(Mega),$Yr13$(Maris Huntsman、Ibis),$Yr16$(Cappelle Desprez),$Yr17$(VPM)等基因的材料虽然表现抗病,但农艺性状较差,配合力欠佳,较难以利用。国内许多育种单位以贵农 21、贵农 22 和南京农业大学的 92R178、92R149 等为骨干亲本,选育抗病(条锈病、白粉病)丰产新品种,有些新品种已在全国各地陆续推广。这些材料所携带的抗条锈基因是 $Yr26$,抗原过于单一。因而开拓和引进新抗原仍是非常迫切的任务。

表 21 已正式命名的小麦抗条锈基因

(McIntosh 等,1995,1998,2001,2002)

Yr 基因	染色体定位	基 因 来 源
1	2AL	普通小麦(Chinese 166)
2	7B	普通小麦(Heines Ⅶ)
3a	1B	普通小麦(Vilmorin 23)
3b	1B	普通小麦(Hybrid 46)
3c	1B	普通小麦(Minister)
4a	6B	普通小麦(Cappelle-Desprez)
3b	6B	普通小麦(Hybrid 46)
5	2BL	斯卑尔托小麦
6	7BS	普通小麦(Heines Kolben)
7	2BL	硬粒小麦(Iumillo durum)

续表 21

Yr 基因	染色体定位	基 因 来 源
8	2A/2D	顶芒山羊草
9	1BL/1RS	普通黑麦(帝国黑麦)
10	1BS	普通小麦(Moro)
11		普通小麦(Joss Cambier)
12		普通小麦(Caribo)
13		普通小麦(Ibis)
14		普通小麦(Falco)
15	1BS	野生二粒小麦(Dippes Triumph)
16	2DS	普通小麦(Cappelle-Desprez)
17	2AS	偏凸山羊草
18	7DS	普通小麦(Frontana)
19	5B	拟斯卑尔托山羊草(Compare)
20	6D	普通小麦(Fielder)
21	1BL	普通小麦(Lemhi)
22	4D	普通小麦(Lee)
23	6D	普通小麦(Lee)
24	1BS	硬粒小麦(K733 durum)
25	1D	普通小麦(TP1295)
26	6AS	簇毛麦
27	2BS	普通小麦(Selkirk)
28	4DS	粗山羊草(W-219)
29	1BL	普通小麦(Lalbahadur)
30	3BS	普通小麦(Opata 85)

(二)慢锈性的遗传

慢锈性是一类定量抗病性,控制这类性状的基因称为定量抗病性基因,需用数量遗传学方法进行研究。经典数量遗传学并不试图认知单个基因,而是用统计的方法从基因的总效应上进行分析。借助于分子标记方法,提出了定量性状座位定位分析法(QTL mapping)。QTL 的定位分析方法通过分析整个染色体组的 DNA 标记和定量性状表型值的关系,估算定量性状座位数目、位置和遗传效应。

对于小麦条锈病,进行慢锈性遗传研究的实例甚少,但对于类似病害,如小麦秆锈病、叶锈病和大麦锈病,均有较多研究,可以得出关于慢锈性遗传的一般性认识。

用于遗传分析的慢锈性指标很多,诸如病害潜育期、病斑长度、病斑数量、病原菌繁殖量、发病率、发病严重度、病害发展曲线下面积等。不同的慢锈性指标,遗传基础可能不同,但也可能有所重叠。因而同一个品种对同一种病害的慢锈性,因选用的指标不同,遗传分析的结果也不一定相同。

慢锈性指标都具有数量性状的一般特点,其变异是连续的,由多数微效基因控制,但涉及的基因数目少于典型的多基因农艺性状。在杂种一代往往表现出两亲本的中间类型,有时也会出现超亲分离,表现杂种优势。但各世代均值的差异主要来自纯合体效应,杂交优势并不很明显,抗病性或感病性都可能表现优势。

慢锈性性状易受环境条件的影响,在子二代既有基因型分离的差异,又有环境引起的表型变异,但其遗传率相当高,表型变异主要是遗传因素决定的,且控制慢锈性的基因以加性效应为主,非等位基因的互作效应,即显性效应多不重要,无显性和表现部分显性。

通过逐代选择，可以大大提高育种群体的慢锈性水平。为使选择有效，需要选择适宜的定量性状，并采用正确的评价方法，特别要注意排除低反应型抗病性的干扰。

(三)条锈病菌毒性的遗传

在病原菌的生理小种一节，我们已经提及"生理小种"的概念是间接而"扭曲"地反映了病原菌群体的毒性多样性。在此，我们又一次面临概念扭曲而带来的困惑。如前所述，"毒性"是"小种—品种"层次的致病性，毒性是病原菌可遗传的基本属性之一，病原菌自然存在控制毒性的"毒性基因"。长期以来，国内外都合乎逻辑地使用"毒性"、"毒性基因"、"毒性突变"等名词术语。但是，"基因对基因"学说告诉我们，病原菌的无毒基因与植物抗病基因的互作决定了不亲和关系，此时品种表现抗病。无毒基因缺失或不表达，就导致亲和关系，此时品种感病，病原菌有毒性。当代已经利用分子生物学方法，将部分无毒基因分离和克隆出来了。如果病原菌的确存在"毒性基因"，也不会是无毒基因的等位基因。本书并不打算走得太远，仅在此做一辨正，而在行文中仍然采用惯常的表达办法。

1. 毒性的遗传特点 毒性是小种专化的致病性。小麦条锈病菌缺失有性态，无法进行有性重组试验，但由小麦叶锈病菌、小麦秆锈病菌以及其他类似病原菌的有性杂交结果，可得知锈菌毒性遗传的一般规律。

首先，毒性为单个基因或少数基因所控制。许多菌系多个座位的毒性基因是杂合(杂核)的，这一发现支持了突变论，因为只要一个等位基因发生突变，就可使非毒性菌系变为毒性菌系。病原菌群体所具有的无毒基因,与寄主所具有的抗病基因相对应。

无毒性多数为显性或不完全显性,毒性为隐性,但有少数例外。在不同小种中,同一无毒基因的显、隐性表现可能不同。少见无毒基因的复等位现象和基因连锁。非等位基因间以及无毒基因与遗传背景间有相互作用。在个别情况下,有2个无毒基因与寄主1个抗病基因相对应的情况,这是后述"基因对基因"关系的一个例外,抑或该抗病基因的座位是由两个紧密连锁的基因构成的,还需要进一步证明。

2. 毒性突变 突变是遗传物质可遗传的变化,是所有遗传变异的根源。广义突变包括染色体的变化和基因的变化。点突变是单个基因内发生的变化,通常把基因内一个和几个核苷酸的增加、缺失或代换都称为点突变。多数情况下,毒性突变是根据表型变化而推定的,至今并不了解突变的机制。因此,所谓突变率实际上是群体的突变体频率。

一般认为突变是病原菌毒性变异的主要途径,也是产生新毒性基因的惟一途径。人工诱变试验和对田间自发突变的研究,都证实由非毒性向毒性的隐性突变,虽然频率很低,但却是普遍发生的。

在小麦条锈菌条中29-1小种人工诱变试验中,多数突变菌株发生了多位点突变。大多数突变菌株发生了毒性和非毒性两个方向的突变,而并非毒性突变一个方向。例如,对丹麦1号品种,多个突变菌株都发生了非毒性突变,有的还发生多位点的非毒性突变。条中29-1小种在各筛选品种上的毒性突变率明显不同,大致变化于$10^{-6} \sim 10^{-4}$之间(表22)。

表22 小麦条锈菌条中29-1小种经紫外线照射后在筛选品种上的毒性突变率

(商鸿生、井金学等,1994)

筛选品种	照射时间(分)	接种叶数(片)	萌发孢子数(个)	突变体数(个)	突变率(%)
尤皮Ⅱ号	8	151	26900	3	1.11×10^{-4}
长武131	8	580	722970	1	1.38×10^{-6}
秦麦4号	8	759	1388865	2	1.44×10^{-6}
Hybrid46	8	333	468098	1	2.17×10^{-6}
抗引655	8	960	844800	3	3.55×10^{-6}
水源11	8	698	882730	5	5.66×10^{-6}
无芒中四	8	919	100791	7	6.95×10^{-5}

在小麦条锈菌条中29-1小种的人工诱变试验中,也发现了某些突变菌株对一些鉴别寄主的毒性发生了"微小变异",如由0型变为清晰可见的0;型。此种毒性改变虽未改变病菌与寄主的非亲和性关系,但其毒性改变是显而易见的。

一般认为毒性突变是病原菌小种变异的主要来源,是无性群体中产生新小种的主要途径。这一结论在很大程度上并非得自直接的试验证据,而是依据人工诱变试验结果,小种系统监测结果和分析小种群体的毒性演化过程而演绎出来的。

3. 异核体形成 异核体是指在有效的共同细胞质中,含有遗传性质不同的细胞核的孢子或菌丝体。对于麦类锈菌等活体寄生菌,则可用不同毒性的菌株,孢子混合接种,检查后代有无新毒性类型出现,若有,则可能为异核体。2个菌株中,最好一个为颜色突变体(如白化菌株),以利于异核体的筛选。此外,还要用细胞学方法检查孢子中细胞核数目的变化。

不同小种的单孢子菌株混合接种后,由后代可以筛选出毒性变化的新类型。麦类锈菌为双核体,从理论上说,2个毒性不同的菌株(A+B)与(C+D)混合接种后,若发生核的交换,后代除有亲本类型外,还产生2个新基因型(A+C)和(B+D),即:

$$(A+B)+(C+D) \rightarrow (A+B)+(C+D)+(A+C)+(B+D)$$

小麦条锈菌小种内、小种间和专化型间均可发生芽管结合,产生结合体,而以亲和性强的菌系间,芽管结合率较高。在低温(3℃~7℃)下,小种间的芽管结合率和结合体形成率均较高,随温度升高而有降低趋势,超过19℃则芽管间不能结合。结合体的形状不规则,可由2个或多个芽管结合形成,细胞核数目变化较大,1~4核的均有,不同菌系间细胞质亦有相互交融。

康振生等先后应用9个小种的38个单孢子菌系,组成120个组合,混合接种筛选,获得了4个异核新菌系,即阿夫菌系、尤2菌系、红河68菌系、水源11菌系等,毒性均有改变。现以阿夫菌系为例加以说明。

阿夫菌系是用条中25-1菌系与白化菌系Bw(a)混合接种后,在阿夫品种上筛选出的新菌系,它能正常侵染阿夫品种,但夏孢子为白色。原始菌系Bw(a)夏孢子也为白色,但不能侵染阿夫品种(表23)。用荧光染核法检查,阿夫菌系的3~4核率为3.6%,远比Bw(a)(0.81%)和条中25-1(0.61%)高,阿夫菌系为1个异核新菌系。

异核体并不稳定,新异核菌系继代接种培养,出现细胞核游离。随转接代数增加,其夏孢子芽管的3~4核率逐代下降,在第五代以前下降较快,以后多核率趋于稳定。在继代培养过程中,阿夫菌系的反应型始终不变,一直为 3~4 型,而红河 68 菌系的毒性逐代下降,至第五代失去了对红河 68 的正常毒性。

表 23　混合接种产生的新菌系及其原始菌系
在测定品种上的反应型

(康振生等,1994,有改动)

测定品种 (部分鉴别寄主)	原始菌系 1 Bw(a) (白色)	原始菌系 2 条中 25-1 (黄色)	新菌系 阿夫菌系 (白色)
阿　夫	0;	3~4	4
阿　勃	0;	3~4	4
丹麦 1 号	2+	3	3
丰产 3 号	2	3~4	3
南大 2419	0;	3	3
维　尔	2	4~3	2
北京 8 号	0;	3~4	0;

注:括号内颜色标注为各菌系的夏孢子色泽

田间采集的条锈病菌夏孢子也有多核体。在陇南采集的夏孢子标样中,就有 3 核体和 4 核体,其多核率达 0.11%。条锈病菌主要流行小种和新菌系的夏孢子均出现多核现象。

准性重组(准性生殖)是指异核体中 2 个遗传性不同的细胞核结合成为杂合二倍体的核,这种二倍体细胞核在有丝分裂过程中,发生染色体交换和单倍体化,最后形成重组单倍体的过程。在锈菌毒性研究中,也有少数关于准性重组或无性杂交的报道。这些研究都是将 2 个小种混合接种后,产生多个新类型,但由于缺少细胞学和遗传学的直接证据而不能肯定。

4. 毒性渐变现象 将小麦条锈病菌单孢菌系先接种在中度感病品种上,收取孢子再逐代接种抗病性更强的品种,至8~9代或更多代数以后,就可以侵染高抗品种。用叶锈病菌也做过类似试验,曾用"适应性变异"解释此种毒性逐渐增强的现象,但至今也无法圆满解释。

5. 毒性变异体的迁移与遗传漂变 有时病原菌的毒性新类型、新小种并不是在当地产生的,而是由外地迁移而来的。在地理上隔离的群体之间,特定基因或基因型(个体)的交流过程,分别称为基因迁移或基因型迁移。条锈病菌无性繁殖,本地个体不能通过正常有性重组途径,与迁移而来的新类型发生特定基因的重组,因而群体间交流的必然是整个基因型,这就是基因型迁移。条锈病是气流传播的大区流行病害,条锈病菌基因型迁移的范围很大,甚至可以覆盖整个大陆,不但有效群体规模巨大,具有较高的遗传多样性,而且局部出现的毒性变异体得以广泛传播,使小种类型趋于一致。

大多数病原物的群体规模,并不足以保证每一个变异体都有后裔,在遗传性状传递中,可能会发生随机效应,这一随机过程称为遗传漂变。遗传漂变发生在遭受灾难性事件而残存的病原菌群体中(瓶颈效应),或发生在少数病原菌定殖于新的寄主群体后(创始者效应)。小麦条锈病菌在夏季和冬季都会大量死亡,此类瓶颈效应可严重减小病原菌群体规模,降低其遗传多样性,不利于毒性突变体的保存,但迄今有关研究很少。

(四)"基因对基因"学说

美国植物育种学家弗洛尔,在20世纪40~50年代系统进行了亚麻抗锈性与亚麻锈菌致病性的遗传试验。通过分析大量试验结果,他发现"对应于寄主的每一个决定抗病性的基因,病原菌也存在一个决定致病性的基因"。在寄主—寄生物体系中,"任何一方的基因都只有在另一方相对应的基因的作用下,才能被鉴定出来"。这些发现导致"基因对基因"学说的建立。该学说指出,寄主植物与病原物双方,一方某个基因是否存在,取决于另一方相匹配基因的存续,双方基因的相互作用,决定了特定的表型,而由表型的变化,就可以判断任一方是否具有相匹配的基因。最简单的解说模型,如图13所示。

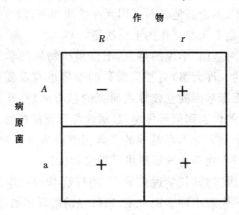

**图13 寄主作物与病原菌之间"基因对基因"
关系的简要模型**

图13的四分格模型简明地描绘了这种基因对基因关系。图中植物为二倍体,病原菌为双核体,R 为显性抗病基因,r 为其等位基因,A 为显性无毒基因,a 为其等位基因。"—"表示双方为不亲和关系,此时寄主作物通常表现抗病,病原菌无毒性。"+"表示亲和关系,此时寄主作物通常表现感病,病原菌有毒性。在诸多对应关系中,只有抗病基因与无毒性基因

之间是特异性关系,所谓"基因对基因"关系主要就是指此种特异性关系。小麦与三种锈病菌之间都有"基因对基因"关系,对于小麦秆锈病和叶锈病,这种关系已被遗传研究所证实。小麦条锈菌无法利用有性世代进行遗传研究,但它与小麦品种的关系亦符合此种模式。

如果双方的有关基因不止1对,只要掌握以下2个要点,也很容易判断互作性质:第一,只有抗病基因与无毒基因的互作是不亲和的;第二,在涉及多对基因时,只要有1对基因为不亲和互作,不论其他各对基因互作性质如何,双方为不亲和关系,这就是不亲和互作的上位法则。

"基因对基因"学说的建立,不仅是植物病理学和植物免疫学领域的一件大事,对相关学科的发展也有重要影响。抗病基因与无毒基因的互作成为研究的核心问题,互作的生化机制、两者的识别和信号传递、过敏性坏死反应的特异性激发子乃至抗病基因与无毒基因的克隆相继成为重要研究课题,对植物分子生物学的发展提供了思路和试材。

在"基因对基因"学说指导下,用抗病基因的单基因系替换了原有的生理小种鉴别寄主,来研究锈菌群体的变化,测定锈菌毒性基因和基因型的发生频率,改变了原来的病原菌小种鉴定方法,逐渐扬弃传统的小种概念。对一些无法或难以利用有性杂交方法,来了解致病性遗传基础的病原菌,就可以利用基因对基因关系,根据其表型特点,推定小种或菌系的基因型,小麦条锈病菌就是著名案例。

在抗病性遗传研究和作物抗原鉴定中,利用一套已知毒性基因的标准菌系接种,根据"基因对基因"关系,可以大致了解其基因型,即不做杂交,就可以推导抗原所具有的抗病基因。

三、抗锈性鉴定和抗锈育种

选育和利用抗病品种是防治小麦条锈病最经济、最有效的途径。通过品种审定而推广种植的小麦品种，都要对条锈病或其他重要病害具有抗病性。小麦抗病育种的原理和方法与一般植物育种相同，但在育种目标中，除高产、优质和适应性等一般要求外，还必须有关于抗病性的具体要求，对抗病性的转导和鉴选有所侧重。开展抗病育种工作必须大量搜集、系统研究和合理利用植物抗病种质资源，开发准确而简便易行的抗病性鉴定技术，利用多种育种途径，转导和积累抗病基因，通过严格的抗病性鉴定和筛选，选育出抗病、高产、适应性好的优良品种。

（一）抗锈性鉴定

抗锈性鉴定是抗病育种工作的重要环节，其主要任务是在锈病自然流行或人工接种发病的条件下，鉴别植物材料的抗病性类别和评定其抗病性程度。抗锈性鉴定主要用于抗原筛选、杂交后代选择和高代品系、品种的比较评定以及抗锈性研究。

1. 基本要求 小麦抗锈性是由其抗病基因决定的，但抗病基因的表达只有当小麦与条锈病菌在一定环境条件下相互作用后，即发生病害后，通过调查发病的表现，才能被人们所认识。同一个基因型，由于条锈病菌毒性不同或环境条件不同，其抗病性表型也不相同。因而，在抗锈性鉴定中，只有在小种毒性和环境条件为已知数的条件下，测定的病情数字才能作为抗锈性的代表值，当两者未知或不能给出确定数值时，只能以已知抗锈品种为参考系(对照品种),用同一小种病菌在同一环境条件下,所测得的发病情况与对照品种相比较,才能确定供试品种的相对抗病程度。

对抗病性鉴定有以下基本要求。

(1)目标明确　根据育种目标或研究目的,确定所应鉴定的对象病害或对象小种,所期望的抗病性类别和应达到的抗病性水平。

(2)结果准确　鉴定结果应能代表自然流行条件下的发病水平以及在生产中的损失程度。为此,要采用可靠的鉴定方法,并保证发病适度。室内鉴定时,应对接种体和环境条件加以严格控制。田间鉴定时,需采取诱发病害的措施,使用标准的感病和抗病品种作为参考系,要有完整的调查记载,能够分析病原变量与环境变量的效应。

(3)全面衡量　对重要抗原材料、杂交后代或品系、品种,应全面鉴定其潜在的抗病能力。有条件的,需针对多种小种,在不同生育阶段,在变动的环境条件下进行鉴定。

(4)经济、快速　利于节省人力、物力,不需要复杂的设施、设备,简便易行,鉴定结果准确而可重复,适于在较短时间内筛选大量育种材料。

(5)实行标准化　鉴定方法和评价标准需不断改进和完善,制订行业标准,提高鉴定结果的权威性、准确性、可重复性与可比性。

(6)实行联合鉴定　加强不同地区、不同育种单位之间的协作,建立统一病圃,对重要材料与品种实行多点联合鉴定。

2. 低反应型抗锈性鉴定方法　现多采用室内苗期鉴定和田间成株期鉴定。

(1)室内苗期鉴定　在温室、人工气候室、植物生长箱或其他人工设施内鉴定植物抗病性,统称为室内鉴定。室内鉴定不受生长季节和自然条件的限制,可以长年进行。室内鉴定一般只进行苗期鉴定,周期较短,适于大量育种材料的初步筛选和比较。在室内人工控制条件下,更便于使用多个小种(包括稀有小种)进行鉴定。室内鉴定尚可精细地测定单个环境因子对抗病性的影响与分析抗病性组分。

室内鉴定也有明显的缺点。由于受到空间和时间条件的限制,室内鉴定只能针对单株进行,难以测出在群体水平和在病害多循环中表达的抗病性,也难以测定避病性和耐病性等。

苗期鉴定需行人工接种。接种用的夏孢子先用铭贤169、燕大1817、辉县红等感病品种幼苗繁殖备用。将鉴定材料的种子播于小花盆内混有粪肥的营养土中,当苗龄达1叶1心时即可接种。接种方法可选用涂抹接种法、撒粉接种法、喷雾接种法或孢子沉降塔接种法等。接种后均应用清水轻喷细雾,再移入保湿筒内,或用塑膜覆盖密封,于10℃左右温度下结露保湿一昼夜。保湿后,将接种苗移入昼夜平均温度不超过16℃、白天最高温度不超过20℃,光照充足,日照不短于12小时的温室中培育。冬、春季需用日光灯、镝灯或汞灯补充光照。2周后照感病品种充分发病时,调查发病情况,记载反应型,2~3天后再复查1次。

(2)田间成株期鉴定 在田间自然条件下进行鉴定,是评价抗病性的最基本的方法。田间鉴定能较全面地反映出抗病性的类型和水平。品种抗病性鉴定结果能较好地代表品种在生产中的实际表现。但是,田间鉴定周期长,受生长季节限制,不适于对大量育种材料进行初筛。在田间不能接种危险性病原物或新小种。

田间鉴定需在特设的抗病性鉴定圃,即"病圃"中实施。

依初侵染菌源不同,病圃可分为天然病圃与人工病圃两种类型。

①天然病圃　不进行人工接菌,依靠自然菌源造成病害流行,因此应设在病害常发区或重病地块,并采用调节播期,浇水,施肥等措施促进发病。若按统一的设计,在不同地区多点设置天然病圃,用同样试验材料的同批种子进行鉴定,这种病圃就称为"统一病圃",若设在多个国家,则称为"国际统一病圃"。

②人工病圃　需接种病原物,造成人为的病害流行。人工病圃应设置在不受或少受自然菌源干扰的地区。病圃应设定在地势平坦,土质与土壤肥力均匀,排灌方便的田块内,四周无高大建筑物或树木,病圃周围设保护行。试验小区的大小、形状、种植方式、排列方式需按试验材料种类和试验目的酌定。总的要求是要有足够的重复次数,设标准感病品种和抗病品种对照,以利于试验资料的统计分析。

鉴定抗条锈性时,在每一排或两排试验区之间与株行垂直的方向设一诱发行,诱发行种植对条锈病高度感染,对其他病害高度抵抗的品种,先接种诱发行,发病产孢后,均匀地传染试验区。

小麦抗条锈育种的原始材料圃材料数目多,小区一般2～4行,顺序排列,每隔10行种植对照品种1次,接种混合菌种。但重要原始材料或亲本需分小种鉴定。同一套材料分设多个小种圃,各圃只接种1个小种。试验材料条播或穴播,穴播时每穴10～20株,全面喷雾接种或只接种诱发行。杂种圃或选种圃均单独种植,小区按组合及系统顺序排列,不设重复,以亲本为对照,接种混合小种,选择优良抗病单株。品系预备试验以比较产量等农艺性状为主,需要时可在病圃中鉴定,设置标准抗病和感病品种对照,小区面积 10 平方米左右,尽量设置重复,采用间比法或互比法排列,接种多个小种混合菌种或进行自然发病鉴定。品种比较试验时入选品种一般不超过 15 个,小区面积酌定,随机区组法设计,重复不少于 3 次,设感病和抗病品种对照,接种混合菌种或单个流行小种或进行自然发病鉴定。

诱发行的人工接种在麦苗返青拔节期进行,有时根据具体情况,在拔节后期对鉴定品种材料直接接种。田间接种可采用喷雾接种法、撒粉接种法或心叶注射接种法。接种应选择在田间湿度大,晚间易于结露,无风天的傍晚进行。为保证接种效果,可给病圃浇水,或接种材料喷雾后,当晚用塑料薄膜覆盖,次日早晨揭去薄膜。田间病圃的调查记载在小麦灌浆期,叶片尚未枯黄以前进行。成株期鉴定除记载反应型外,还记载严重度和普遍率。

3. 慢锈性鉴定方法 鉴定慢锈性的主要途径有 2 个,在田间比较品种群体发病的流行学特征和比较慢锈性组分。另外,分小种抗病性鉴定结果,天然病圃的多点联合鉴定结果,以及对品种抗病性历史表现的考察等,也有助于慢锈品种的初筛和验证。

田间慢锈性鉴定可采用短行圃法和方块圃法。短行圃每小区株数不少于 100 株。短行圃接种方法可用诱发行人工接种或试验行直接接种,也有的依赖天然发病,均造成外源流行。接种量和流行强度需根据经验调控得当,最好能使感病对照第一代普遍率达 50% 左右。

方块圃将每个材料种成一方形小区,面积 667 平方米,不种诱发行,在小区中心一点等量接菌。接种量以能使几个植株或几个叶片发病为宜,如果发病过多,应在产孢前消灭多余发病叶片,以防后期发生区间菌源干扰。方块圃在充分搞好小区间隔离,阻止菌源的区间干扰的条件下,为自源流行。方块圃设置要求的试验条件较严格,占用较多试验地,花费较高的代价,不宜用于大量材料的筛选。方块圃要记载初始病情、终期病情和数次中期病情。

短行圃病情记载至少要有 2 次,第一次应在试验行第一代充分发病,而第二代发病之前,第二次在感病对照品种病情指数达 0.5~0.9 时。

慢病性是相对抗病性,病情数值受到初始菌量、气象条件和菌源来源影响太大,不宜直接用作代表抗病性程度,需与感病对照品种比较确定。对此,曾士迈(1981,1996)先后提出的计量指标,有相对抗病性指数和相对抗病性系数。从短行圃病情调查数据,可以直接计算相对抗病性指数,由方块圃数据可计算相对抗病性系数。

曾士迈最初提出的相对抗病性指数数值为绝对值,即 RRI^*。设 X 为感病对照的病情指数,Y 为供试品种的病情指数,则:

$$RRI^* = \ln[X/(1-X)] - \ln[Y/(1-Y)]$$

因 RRI^* 数值为绝对值,不便于直观比较,须转换为相对数值。为此,可设置一个抗病性最强的品种为抗病对照。以它在同一鉴定条件下的相对抗病性指数绝对值为分母,除供试品种相对抗病性指数绝对值,即得供试品种的相对抗病性指数 RRI。

相对抗病性系数(RRC)是相对流行速率的余数,即:

$$RRC = 1 - RAIR$$

相对流行速率 RAIR 是供试品种的流行速率除以感病对照品种的流行速率:

$$RAIR = \ln[X/(1-X)]/[X_0/(1-X_0)]$$
$$/\ln[Y/(1-Y)]/[Y_0/(1-Y_0)]$$

式中,X_0 和 X 分别为方块圃中供试品种的初始病情和终期病情,Y_0 和 Y 分别为方块圃中感病对照品种的初始病情和终期病情。RAIR 越大,则相对抗病性越低。相对抗病性系数是慢病性和相对抗病性的最好指标,但需在方块圃中测定流行速率,工作量较大。

与慢锈性有关的抗病性组分有潜伏期、侵染概率、孢子堆大小、产孢期、产孢量等,可与感病品种比较,鉴别慢锈品种。袁文焕等(1996)根据多年来的经验,选择出实用性强,操作简便的 3 个慢条锈性鉴定指标,即潜育期、相对严重度和千粒重损失率,并给出了鉴定标准(表 18),是否可用或适用,尚需进一步探讨。

(二)抗锈种质资源

抗病种质资源简称为抗原,是植物抗病育种的原始材料。系统地搜集、保存、评价和研究抗原是抗病育种工作最重要的基础工作。在育种目标确定以后,育种的成效往往取决于育种材料的目标性状及其遗传特性。小麦抗锈种质资源的类型主要有地方品种资源,外引品种资源,亲缘种资源以及人工改良与创制的抗原材料等。

1. 地方品种资源 主要指古老的农家品种,也包括一些在当地长期种植的改良品种。这些品种经过长期自然选择和人工选择,品种积累了丰富的抗病性。我国保存的小麦地方品种有 12 897 份,其中蕴藏着很多抗病种质资源。据对黄河中下游 5 省 2 市 3 024 份材料的接菌鉴定结果表明,抗病的高达 43.8%,多数品种抵抗 1～4 个条锈菌小种,有些能抵抗

8～9个小种。地方品种中还蕴藏着抗病机制不同的各类抗原,特别是慢锈性、耐锈性、避锈性(早熟性)资源较多,著名的如具有慢条锈性的小麦品种陕西蚂蚱麦、武都白茧、句容03等。在我国陕南和陇南农家品种中蕴藏着较多高温抗锈性抗原,在所鉴定的400份地方品种和92份改良品种(系)中,就发现了28个具有高温抗条锈性的品种。总体来说,地方品种的适应性和抗逆性较强,但产量水平较低,控制不良农艺性状的基因常与抗病基因连锁。

2. 外引品种资源 指由外国、外地引进的品种资源,主要为育成的改良品种,外引改良品种综合性状好,多具有抗病效能高的低反应型抗病基因,又易于通过常规杂交育种方法转移抗病基因,因而是当前利用最多的抗原。

国内多数抗条锈病的小麦栽培品种,是以国外引进的优良抗原为亲本而育成的。20世纪20～30年代引进的碧玉麦(原产澳大利亚)、矮立多(原产意大利)、中农28、南大2419(原产意大利)、早洋麦(农大1号,原产美国)、钱交麦(农大3号)等除了直接种植外,还用作抗原选育了一批抗锈品种。用碧玉麦做抗原,育成了碧蚂1号、碧蚂4号、碧蚂5号等品种,对20世纪50年代我国条锈病的控制发挥了重大作用。1959年碧蚂1号在全国的种植面积已达600万公顷,成为我国小麦育种史上面积最大的品种。用碧蚂4号与早洋麦配成的组合,选育出了北京8号、石家庄54、济南2号、济南4号、济南5号、郑州15、徐州8号等一批抗锈良种,由这些品种又衍生出51个品种,北京8号就衍生出36个品种。这些品种对20世纪60年代小麦条锈病的控制起到一定作用。南大2419的衍生品种多达200余个,包括内乡5号、百泉5号、徐州14、石家庄34、川麦5号、甘麦7号、京红4号等著名品种。中农

28与西北60杂交育成了高抗秆黑粉病的西农6028，西农6028与丹麦1号杂交育成了丰产性好、抗条锈性强的丰产3号，曾在黄淮海平原大面积推广。

20世纪50年代末至60年代，先后引进了欧柔（原产智利）、阿勃（原产意大利）、阿夫（原产意大利）、吉利（原产意大利）、尤皮2号（原产保加利亚）以及鹅冠186、维尔、苏联早熟1号、丹麦1号等重要品种。欧柔是抗三锈的骨干亲本，用其一次杂交育成了240个品种，其中推广面积达6 667公顷以上的61个，获奖品种18个。由碧蚂4号/苏联早熟1号//欧柔杂交育成的泰山1号是我国继碧蚂1号、南大2419之后种植面积最大的品种。阿勃的衍生品种多达150余个，阿夫的衍生品种也有110余个。抗锈品种7023由阿夫系选而成，在20世纪70年代末至80年代是河南省的主栽品种，并在南方一些省份广为种植。

20世纪70年代，广泛采用"洛类"抗原，这类抗原是前苏联用小麦和黑麦杂交得到的1B/1R易位系的衍生物，引进我国的有阿芙乐尔、高加索、山前麦、牛朱特、洛夫林10号、洛夫林13号等。它们的1B染色体上易位的1R短臂有4个抗病基因，即抗条锈基因 $Yr9$、抗叶锈基因 $Lr26$、抗白粉基因 $Pm8$ 及抗秆锈基因 $Sr31$。在20世纪80年代末期，生产上使用的品种中，90%亲本中含有洛类抗原。自20世纪80年代起至21世纪初，我国冬小麦主要生产品种中仍以"洛类"衍生品种为主流。近年来，英国品种Norman、TJB、Maris Huntsman、C39等由于抗条锈病、抗白粉病且增产潜力高而备受关注。

3. 亲缘植物 包括作物的起源种、野生种、野生近缘种以及其他异种、异属植物。利用近缘植物的主要困难是杂交困难，杂种不育，抗病基因与不良性状连锁等。

在小麦亲缘植物中,含有丰富的抗条锈病以及其他锈病的抗原,在育种中已经广泛使用。锈病抗病基因多来自硬粒小麦、一粒小麦、野生一粒小麦、提莫菲维小麦、斯卑尔脱小麦、阿拉拉特小麦、二粒小麦、野生二粒小麦、普通黑麦、彭梯卡偃麦草、中间偃麦草、小伞山羊草、顶芒山羊草、拟斯卑尔脱山羊草、粗山羊草、尾状山羊草、方穗山羊草、偏凸山羊草、簇毛麦等相关物种以及其他种、属。

华山新麦草($Psathynrostachys\ huashannica$ Keng,2n=14)是分布于我国秦岭山脉华山段的一个特有物种,具有耐旱、耐寒、耐瘠薄、抗病、优质等特点,被列为中国珍稀物种及国家一级保护对象。华山新麦草对我国小麦条锈病菌各生理小种都表现免疫或高抗,是一个优秀的抗原。

4. 抗病育种中间材料 已有的种质资源有的难以直接应用,需经人工转育和创新,得到抗病的新物种、新类型、新品种(系)、属间或种间杂种、染色体工程基础材料、突变体、基因标记材料等,尽管它们不具备优良的综合性状,不能在生产上直接利用,但可作为育种中间材料用于抗病育种。抗病中间材料多由种内杂交、远缘杂交和染色体工程以及人工诱变等途径获得。

小麦对条锈病的重要抗原品种繁6是用7个亲本复合杂交育成的(伊博1828/印度824/3/四川51麦//成都光头/中农483/4/中农28B/伊博1828//印度824/阿夫)。

近缘属、种材料多不能直接使用,需经远缘杂交或染色体操作而转育。德国育成的小麦/黑麦易位系(1B/1R),高抗锈病和白粉病,有广泛应用。我国用小麦和偃麦草合成的八倍体小偃麦有优良的抗条锈性,用它与小麦杂交育成了一系列新品种。

四川农业大学任正隆等选育出一批新的 1BL/1RS 易位系,并建议将该易位系所具有的新抗病基因命名为 $Yr9b$,可抵抗条锈病菌流行小种。

南京农业大学育成了一套涉及不同簇毛麦染色体的异附加系和代换系,以及 5 个 6VS/6AL 易位系。其中普通小麦－簇毛麦 6V 异附加系、6V(6A) 异代换系和 6VS/6AL 易位系高抗条锈病菌条中 29 号、条中 31 号、水源 11-2、水源 11-5、水源 11-13 和杂 46 等小种或致病类型。

华山新麦草是尚待利用的抗病亲缘植物。西北农林科技大学利用远缘杂交结合胚拯救技术获得了普通小麦与华山新麦草的杂种,杂种 F_1 经过多代回交,选育出一系列附加系、代换系和易位系材料,为开发利用这一珍稀种质资源提供了基础材料。易位系 H9020-17-5 抵抗我国目前流行的所有条锈菌生理小种。遗传分析表明该易位系具有来源于华山新麦草的抗条锈新基因,暂命名为 $Yr\ Hua$。

人工诱变可创造抗病突变体,也可打破抗病性与不良性状之间的连锁,促进基因重组。据推测,小麦品种原冬 96 位于染色体 4D 上的抗条锈基因是由 γ 射线诱导的突变基因,它可能是世界上惟一得到实际应用的人工诱变抗条锈基因。

京核系小麦是北京市农林科学院作物所利用太谷核不育系,通过复交或轮回选择等方法培育而成的新品种(系),其中京核 8811 品系对我国目前已有生理小种和国外许多菌系表现高度抵抗,研究发现该品系具有抗条锈新基因 $Yrjh1$ 和 $Yrjh2$。

(三)抗锈育种途径

小麦抗锈育种有多种途径,可根据育种目标和植物材料的特点选用。在抗条锈病育种中所利用的基本是低反应型抗病性,育种途径主要是常规杂交育种,远缘杂交和染色体工程育种也起了重要作用。

1. 引种 由国外或国内其他省、自治区引入抗病品种直接用于生产,是一项收效快而又简便易行的防病措施。早期引进的小麦品种中,原产澳大利亚的碧玉麦,原产美国的钱交麦、早洋麦等都是著名的抗锈良种。原产意大利的南大2419推广面积曾高达467万公顷以上,阿夫和郑引1号达66.7万公顷,这些品种对防治条锈病等小麦病害起了重要作用。

用于生产的引种事先需了解有关品种的谱系、生态特点,性状特点和原产地的生产水平等基本情况,并与本地生态条件和生产水平比较分析,评价引种的可行性。特别应注意品种的区域适应性,一般来说,气候相似的地区间引种成功的可能性大。由于原产地和引进地区的生理小种区系不同,原产地的抗病品种引入后可能表现感病,而在原产地感病的品种引入后也可能抗病。应当先引入少量种子,在当地标准栽培条件下鉴定抗病性并评价其适应性和稳定性。在取得试验数据并确认其使用价值后,再试种示范和繁殖推广。

作物品种引入与原产地生态条件不同的地区后,其群体可能发生明显的分化现象,出现少数抗病性变异植株或其他退化类型,这类抗病性变异植株有可能成为病原菌适应整个群体的桥梁。因而对引进品种应采取保纯措施,搞好提纯复壮工作。引进后在生产上大面积种植的品种,不宜在当地再用作抗原杂交育种。

2. 系统选种 系统选种法又称为单株选育法,是一种改进品种抗病性的简便方法,特别适用于在大面积栽培的感病丰产品种群体中选择抗病单株,培育成兼具丰产性和抗病性的新品种。作物品种的群体不会是绝对纯的,常有遗传异质性存在。在感病品种群体中,因突变、天然杂交、遗传分离以及其他原因,会出现极少数抗病单株。小麦品种偃师1号是从高度感染条锈病的辉县红中选出的,各地在南大2419、阿勃、阿夫、丰产3号、洛夫林10号等小麦品种中用单株选择法选出了许多新品系、新品种,对保持和提高这些品种的抗条锈性起了重要作用。

使用系统选种法首先要准确选择抗锈单株(穗),要在病害自然流行和人工接种造成严重发病的条件下,选择抗锈单株(穗)。供选品种群体要大,以增加选择的机会,群体要充分发病,以避免误选逃避发病的个体。入选个体抗锈程度要高,最好达到近免疫或免疫。翌年将入选的单株(穗)在病圃内分别种成株(穗)行,接菌严格鉴定,淘汰不抗锈的株(穗)行,由抗锈株(穗)行或抗锈性发生分离的株(穗)行中选优良单株(穗)。第三年仍种成株(穗)行,接种鉴定,视抗锈性稳定程度,选株或选行,入选的株行还要测产,考种。在以后各代根据需要继续接种鉴选,并考查其农艺性状。入选材料经比较试验和多点试种后,方能选出抗锈性强,产量水平和农艺性状接近或优于原品种或当地栽培品种的品系。

3. 常规杂交育种　种内有性杂交是基因重组,扩大遗传变异,创造新类型、新品种的有效途径,是最基本、最重要的育种方法。大多数抗锈品种是通过常规杂交育种而选育的。即使是染色体工程、基因工程创造的优良材料,最终也多通过常规育种而产生新品种。

品种间杂交育种,亲本容易选配,也容易杂交,子代群体不需过大,个体间性状差异较小,性状较早稳定,育成良种的机会较多。通常亲本之一为综合性状好的当地适应品种(农艺亲本),另一亲本具有高度抗锈性(抗病亲本)。抗病亲本应尽量选全生育期免疫或高度抗锈的材料,农艺亲本也尽量选用抗锈或耐锈的品种,至少避免选用高度感病的品种。多亲本杂交时,抗锈亲本应占较高的比例。亲本的抗性谱应较宽,能抗多个小种或多种病害。最好亲本之间对不同病害,不同小种的抗病性互补,应优先选用兼抗不同小种和不同病害的材料。

两个亲本间杂交称为单交(A/B),两亲本可互为父母本,A(♀)/B(♂)为正交,B(♀)/A(♂)为反交。单交应用最广泛,其杂种的早代群体较小,育种过程也较短,能够选育出具有双亲优良性状以及个别性状超亲的品种。应用单交方式育成了许多抗条锈品种,如碧蚂1号(蚂蚱麦/碧玉)、北京8号(碧蚂4号/早洋)等。

两个以上亲本间的杂交称为复交,要进行2次或2次以上的杂交。复交有利于综合多个亲本的优良性状,扩大杂交后代的遗传基础,但后代的变异类型多,性状稳定较慢,育种年限较长。

复交包括三交、四交以及4个亲本以上的序列杂交等。三交是3个亲本间的杂交,其杂交方式有多种,一种为单交F_1代与第三亲本杂交,即(A/B)F_1//C,另一种是从单交的分离世代中选优与第三亲本杂交,即(A/B)Fn//C,第三种为两个单交的F_1代再杂交,即A/B//C/B。我国在20世纪70年代推广面积最大的小麦抗锈良种泰山1号就是以碧蚂4号与苏联品种早熟1号杂交后代的一个选系与欧柔杂交而育成的(碧蚂4号/早熟1号//欧柔)。

四交为4个亲本间的杂交,可以组合更多的抗病基因于杂交后代中,适于选育多抗性品种,但杂交方式复杂,需要更大的杂种群体和较长的育种过程。其杂交方式有双交 A/B//C/D 和四亲本序列杂交 A/B//C/3/D，双交方式只需杂交 2 次就可完成四交过程，而四亲本序列杂交则需杂交 3 次，因而四交多采用双交方式。

4 个亲本以上的多亲本杂交适于育成抗多种病害或抗多个生理小种的品种，其基础亲本一般是适应性和综合性状良好的推广品种或优良品系，基础亲本逐步地与不同抗病亲本杂交，经过相当长的选育过程，可将多个抗病基因引入基础亲本的遗传背景中，从而育成多抗性品种。例如，著名抗原品种繁 6 和繁 7 就是先后用了 7 个亲本，陆续以单交的 F_1 代和 F_2 代互交而育成的。

品种间杂交后代的选择有系谱法和混合法两种基本类型。系谱法自杂种第一次分离世代（单交 F_2 代、复交 F_1 代）开始选株，分别种成株行，即系统，以后各世代均在优良系统中，继续进行单株选择，直至选出抗病性状优良一致的系统，升级进行最终产量品质比较。利用低反应型抗病性育种宜采用系谱法。在 F_1 代可不进行抗锈性鉴定，以免抗锈性为隐性或不完全显性时，因发病过重，收不到种子。亦可在 F_1 代就接种鉴定，淘汰病重的组合。F_2 代至 F_5 代，需行人工接种鉴定抗锈性，选择抗病单株。高代品系根据需要也可继续在病圃中考验。

回交法是品种间杂交的一种特殊类型，适于将主效抗病基因快速转入农艺性状优异的品种，选育出抗病丰产的优良品种。回交抗病育种通常选用具有优良适应性、丰产性和综合性状的品种作为轮回亲本，以具有优良抗锈性的抗病品种作供体亲本。两者杂交后，得到杂交一代（F_1）。若供体亲本的抗锈性由单个显性基因控制，杂交 F_1 代直接与轮回亲本回交,得到第一次回交的 F_1 代(BC_1F_1)后进行抗锈性鉴定,淘汰隐性组合的感病植株,选出杂合的抗病植株,再与轮回亲本回交,如此重复回交 6~10 代,即可选育出具有轮回亲本基本性状的抗锈品种。当抗锈性由隐性基因控制时,则回交 F_1 代必须自交,在 F_2 代进行抗锈性鉴定,选取纯合抗锈植株,再与轮回亲本回交。选育聚合多个不同抗病基因的品种,可用逐步回交法或聚合回交法。

4. 远缘杂交和染色体工程 转移异源基因最初采用远缘杂交的方法,该法用农作物品种与抗病的异种或异属植物进行种间或属间杂交,再用受体亲本进行回交。著名的 1BL/1RS 易位系为黑麦的 1R 染色体短臂易位到小麦的 1B 染色体长臂上形成的,这是远缘杂交中发生的自发易位。在 1R 短臂上具有多个抗锈病和抗白粉病的基因。该易位系形成了著名"洛类"抗原品种,如阿芙乐尔、高加索、山前、洛夫林系统等。

远缘杂交虽然是导入异源基因的一个有效途径,但需要克服杂交不亲和、结实率低、杂种败育等许多困难,在转移异源基因过程中,存在着随机性,自发性以及周期长等缺点,转移概率小,常伴随不利性状。被转移的抗病性在小麦遗传背景中表达效率低,遗传也不稳定。

染色体工程是以细胞遗传学为基础,与远缘杂交、多倍体育种、诱变育种以及细胞工程学紧密结合而发展起来的生物技术。染色体工程是按照人们的预先设计,利用染色体工程基础材料,通过附加、代换、削减和易位等染色体操作改变植物染色体组成,在较短时间内将异源基因导入农作物品种,进而定向改变其遗传特性的育种技术。染色体工程育种除了要进行杂交、回交和按标记性状进行选择外,还要做大量细胞学鉴定和分析工作,辨认与追踪携有外源基因的染色体及其片段。这要采用染色体分带技术、同工酶酶谱分析和 DNA 分子杂交,对所获材料进行鉴定筛选和基因定位。

小麦与异种、异属的杂交,特别是与异属的杂交,可以合成稳定的异源多倍体和双二倍体,发展为新的物种或新属。属间合成的实例,有小麦与黑麦合成的小黑麦,小麦与偃麦合成的小偃麦,小麦与山羊草合成的小山麦,小麦与簇毛麦合成的小簇麦等。法国曾合成了偏凸山羊草—波兰小麦双二倍体,与普通小麦品种 Marne 回交,育成了著名的条锈病抗原 VPM。我国以八倍体长穗偃麦草与小麦杂交,育出了多个抗锈品种。

"中四"就是黑龙江省农科院以小麦为母本,中间偃麦草为父本进行有性杂交、回交和后代的连续选择,而创造的新物种——八倍体小偃麦(*Trititrigia*)。其亲本为(克强×南大 2419)/中间偃麦草//小麦,含有 14 条中间偃麦草染色体,染色体组为 ABDX,有 2 对染色体发生了易位。"中四"有较好的综合农艺性状,结实正常、抗逆性强,迄今为止,对我国小麦条锈病菌已知生理小种都表现免疫,还是多种小麦病害的优良抗原,现已成为国内外小麦育种的重要的种质资源。

将异种、异属植物的有益基因导入小麦基因组,可通过外源染色体的附加、代换和易位等 3 种方式进行。在小麦原有染色体组的基础上,增加一条或一对外来染色体,称为异附加系。异种的一条或一对染色体取代小麦中相应的染色体,称为异代换系。当小麦染色体的任何片段与异种属的染色体片段发生易位(交换)时,外来的一段染色体取代小麦中的一段染色体,发生了易位的品系称为易位系。上述附加系、异代换系、易位系等统称异染色体系。就利用价值而言,异染色体系优于双二倍体,异染色体系中又以易位系的利用价值最高。

在染色体工程中,创造新种质和新品种的常用方法有诱导染色体易位法,单、缺体回交法,桥梁亲本法以及人工合成同源多倍体等。

原西北植物所李振声等将长穗偃麦草丰产、抗病、优质等优良基因导入普通小麦,培育出著名的小偃6号品种,累计推广面积达600万公顷。小偃6号的易位染色体为1AL、2A、5A、6A和7BS。

5. 诱变育种 诱变育种是利用理化因素诱发植物体变异,再通过定向选择来选育抗病品种的方法。人工诱变与自然突变相比,突变率高,变异谱广,人工诱变适于打破植物性状间的不利连锁,促进基因重组,所诱导的突变性状遗传稳定,育种年限较短。我国为利用突变育种较多的国家,在1966~2004年,我国利用诱变技术已经育成了132个小麦品种,大多数抗条锈病、秆锈病或叶锈病。普通小麦品种原冬96位于染色体4D上的抗条锈基因是由γ射线诱导的突变基因。

抗病诱变育种除了诱发、鉴定和筛选有利用价值的抗病突变体外,其他方法和程序基本与常规育种相同。诱变处理的植物材料多为纯系的单株后代,应用最广泛的诱变手段是^{60}Co-γ射线诱变。

6. 其他育种途径 随着生物技术的发展,出现了许多新的育种途径。在此仅简单介绍分子标记辅助育种和单倍体育种。

(1)分子标记辅助育种 利用分子标记可替代病害鉴定,加快回交育种,减少有害基因连锁,使用分子标记可以大大加快常规育种过程。在抗锈育种中已经开始使用分子标记。

利用与抗病基因紧密连锁的分子标记,可以准确地鉴选具有主效抗病基因的植株,代替病原菌接种鉴定。使用共显性分子标记,甚至可以直接区别抗病基因的纯合型和杂合型。利用分子标记选择抗病单株,可以在苗期或任何生育阶段进行,只要植株可以提供检测必需数量的DNA或蛋白质就可以进行,效率很高。连锁的分子标记可以通过多种分子检测方法进行鉴定,应用PCR标记尤其经济,简便。使用分子标记筛选,有望代替传统的费力费时的表型筛选。

利用回交法将抗病基因导入优良轮回亲本,需要回交7～8代。而利用与抗病基因紧密连锁的分子标记,在早代分离群体中就可以筛选到含有抗病基因的植株,可以加快回归轮回亲本。

由野生材料转移的抗病基因通常都带有不良的连锁基因,回交难以除去连锁的区段,利用分子标记,可在早期发现并减少与移入的抗病基因相连锁的供体染色体片段或不良基因。抗病性多为显性,不做子代鉴定,就不能鉴别带有重组染色体片段的个体,而利用共显性的PCR标记,就可筛选大量个体,选出最佳植株。利用抗病基因两侧的标记(双标记)进行选择性回交,可以更快地消除供体的染色体片段。

(2)花药和花粉培养与单倍体育种　花药和花粉培养是人工诱导单倍体的有效途径。花药培养属于器官培养,特定发育期的花药在适当的培养条件下,经过胚发生途径或器官发生途径发育成单倍体植株。花粉培养属于细胞培养,通过人工培养离体花粉或小孢子,改变其形成花粉管和精子的发育途径,诱导产生单倍体植株。

单倍体只含有一套染色体,单倍体经自然加倍或者用秋水仙碱处理人工诱导加倍,就可获得纯合的二倍体。在常规杂交育种中,杂种后代经多代选择和淘汰,才能获得稳定的纯合品系,种内杂交一般需5~6代,远缘杂交一般需6~8代。而对杂交 F_1 代或 F_2 代的花药或花粉进行离体培养,获得单倍体植株后,经染色体自然或人工加倍,即可获得纯合二倍体,不再分离,从杂交到获得稳定的纯合二倍体只需2个世代。另外,由于没有等位基因的制约,单倍体植株基因一旦发生变异,就可以显示出来,特别有利于发现隐性突变,能提高突变体的筛选效率。

我国的小麦花培在1972年就获得成功,1983年花培育成著名品种京花1号,该品种矮秆高产,高抗锈病和白粉病。豫37、豫60、陕农755等一批抗锈小麦品种也是通过这一途径育成的。

YW243是中国农业科学院作物所,由Y90136和RW1685杂交组合的 F_2 代,经花药培养后选育得到的。YW243高抗小麦3种锈病、黄矮病和白粉病。其抗黄矮病基因 $Bdv2$ 位于7D染色体上,抗白粉病基因Pm4b位于2A染色体上,其抗条锈病的基因位于2BL染色体上,但不同于 $Yr5$。

7. 慢锈性品种选育 慢锈性是由微效基因控制的,需用多亲本杂交和轮回选择的群体改良方法,积累微效抗病基因,选育慢锈性抗病品种。但甚少系统选育慢条锈品种的实践,在此仅介绍国际玉米小麦改良中心(CIMMYT)加速积累小麦抗锈微效基因的方法,以供参考。该法选择不具有有效的主效抗病基因,但具有中度以上慢锈性的亲本。通过温室苗期抗病性鉴定与田间成株期鉴定相结合的方法,选出苗期感病,成株期在田间有明显慢锈性的亲本材料,要尽可能多地保持群体的遗传多样性。可依据已有遗传分析资料,选择具有不同加性微效基因的亲本杂交。若缺乏有关资料,就选用来源不同、谱系不同的亲本杂交。也可以选用具有已知持久抗病基因的亲本。

在育种圃接种适宜的条锈菌生理小种造成锈病的本源流行,保持强大选择压力,并设置标准感病和慢锈对照品种。在杂交的 F_2 和 F_3 代选择并保留最终发病严重度低至中度的植株,由 F_4 代开始选留最终严重度低的单株或株系。为保持适宜的抗病水平,需组合有 3~5 个加性微效基因。F_4 代群体的纯合程度足以保证鉴选出具有适宜抗病性和优良农艺性状的单株或株系。在强大病害选择压力下,选留出的最终严重度低的植株,就有可能具有较多的微效基因。

该法还采用叶尖枯死或假黑颖一类的表型,作为形态标记用于选择。叶尖枯死与持久抗病性基因 $Yr18$ 和 $Lr34$ 连锁,假黑颖性状与 $Sr2$ 连锁,都是适用的形态标记。

高代品系要进行异地多点鉴定,了解在不同环境条件下,抗病性的有效性与稳定性。对选出的品系进行遗传分析,确认抗病性是由加性微效基因控制的。

利用上述方法,已成功地选育出若干对条锈病、叶锈病高度抗病的高产小麦品系,这些品系的抗病性至少由 4~5 个加性微效基因控制。

四、抗锈性失效问题及对策

具有生理小种专化性的低反应型抗病品种并不能持久有效,在大面积推广后,就有可能从抗病而沦为感病,以致被淘汰,用新一代抗病品种取代,而新一代抗病品种推广后又重蹈覆辙,如此反复,形成了恶性循环。这种现象一直被称为抗病性"丧失"现象,但这一术语很容易被误解,因为所涉及的抗病性并没有丧失,也没有改变,改变的是病原菌小种,也就是敌人变换了,原来的抗病性不再发挥作用了。本书将这种现象,改称为"抗病性失效"或"抗病基因失效"。在世界范围内,生理小种专化抗病性是付诸使用的主要抗病性类型,抗病性失效问题普遍而严重。人们迫切希望改变这种被动局面,延长抗病品种的寿命,或选育出持久抗病的品种。

(一)抗锈性失效的原因

国内第一个抗锈性失效的著名小麦品种是碧蚂1号。该品种也是我国选育的第一个抗条锈的冬小麦品种。在1942年用抗病亲本碧玉麦和农艺亲本蚂蚱麦杂交,1949年大量繁殖,1954年大面积推广,1957年和1958年推广面积高达600万公顷,创下了单一品种种植面积的最高记录。碧蚂1号在1951年秋苗期开始发生条锈病,到1958年就大面积失效。对碧蚂1号和其他抗病性失效品种的研究证明,病原菌群体中出现了新小种,并进而取代了原有优势小种,是造成品种抗锈性失效的主要原因。

1. 生理小种演替引起抗病性失效 自碧蚂1号抗锈性失效以来,由于条锈病菌小种演替,我国在黄河中下游麦区大面积种植的抗条锈品种,迄今已经有7批品种先后失效,每次都造成了条锈病重新流行。大致每发生一次条锈菌优势小种的更迭,就有一批品种的抗锈性失效。

第一次由于条中1号出现,从20世纪50年代早中期开始,碧蚂1号、西北54、西北丰收、农大183等品种相继失效。第二次从1960~1962年开始,玉皮、甘肃96、西北134、陕农9号等品种因条中8号和10号的出现而失效。第三次是从1962年开始,以南大2419为主的一些品种因条中13号、16

号等小种而失效。第四次从 1969 年前后开始,因条中 18 号和 19 号流行,导致阿勃及其衍生品种失效。同期因条中 17 号小种流行,导致华北地区北京 8 号、石家庄 54 等品种失效。第五次从 1976 年开始,由于条中 19 号小种群和条中 23 号、25 号和 26 号等小种出现,使丰产 3 号、阿勃、官村 1 号、泰山 1 号、泰山 4 号、卫东 8 号、农大 139、阿夫、百泉 40、偃大 24 等许多推广品种失效。同期因条中 21 号、22 号和 27 号等小种流行,造成西北地区尤皮 2 号及其衍生品种天选 15、中梁 5 号、武农 132 和青春 2 号等失效。第六次从 1985 年开始,因条中 28 号、29 号小种、洛 10 类群和洛 13 类群成为优势小种,导致一大批"洛类"品种失效,其中包括洛夫林 10、洛夫林 13、阿芙乐尔、山前麦、丰抗 2 号、丰抗 4 号、丰抗 8 号、秦麦 1 号、京花 1 号、鲁麦 3 号等。第七次自 1993 年以来,主要因条中 30 号、条中 31 号、条中 32 号等小种以及 Hybrid46 致病类群、水源 11 致病类群的出现,使以繁 6 为抗原的品种(绵阳系统、川育系统)和以水源 11、抗引 655 等为抗原的品种失效。

甘肃省陇南是小种变化频繁的地区,一般品种在推广应用后,有效期 3~6 年。短的如农大 311 和北京 8 号引入的当年就失效,长的如洛夫林 10 号有效期为 10 年,尤皮 2 号、阿夫和洛夫林 13 等品种为 12 年。

国外抗条锈品种也面临同样的问题,表 24 列举了 20 世纪 50~70 年代英国的情况。

2. 生理小种演替的动力 群体遗传学告诉我们,突变、遗传漂变、基因或基因型迁移、有性或无性遗传重组以及选择作用是病原菌毒性进化的动力。它们相互作用决定了病原菌群体的毒性遗传结构和演替潜势。在各类进化动力中,选择作用起主要作用。在农田生态系统里,农作物品种发挥了最重要的选择作用。

表 24 英国小麦品种对条锈病的抗病性失效概况

抗病性失效年份	失效小麦品种	克服抗病性的小种
1952 年	Nord Desprez	40 E8a
1955 年	Heines VII	32 E160
1966 年	Rothwell Perdix	37 E123
1968 年	Cama, Maris Envoy	41 E136
1969 年	Maris Beacon, Maris Nimrod	104 E137
		104 E137(2b)
1971 年	Joss Cambier	41 E136-2
	Maris Ranger	108 E141
1972 年	Maris Bilbo	104 E137-3
1973 年	Maris Nimrod, Joss Cambier	41 E136-3
1973 年	Clement	232 E137
	Kinsman	108 E141-2
1979 年	TL363/30/2, Hobbit	41 E136-4

在前面已经论述了小麦条锈病菌变异,通过突变、无性重组、基因型迁移或其他途径,在条锈病菌群体中,会出现新的毒性菌株或新小种。起初这种新类型的频率很低,为"稀有小种",而当时在群体中出现频率最高的小种则为"优势小种"。若大面积推广栽培了新的抗病品种,取代了原有已经失效而感病的品种,新品种感染稀有小种,使之得以发展,频率不断增高,新品种面积越大,其频率也越高,以致在条锈病菌群体中变为多数。即在新品种的选择下,原来的稀有小种转变成为新的优势小种。而原来的优势小种,由于哺育品种面积缩

小,频率降低,成为稀有小种或趋于消失。品种的单一化种植,常使少数或个别具有匹配毒性而适合度又较高的小种居于优势。多个毒性基因可以组合在一个菌株中,如果某个毒性基因受到寄主选择,而寄主对其他毒性基因又没有抗病性时,该菌株可能大量繁殖,这样该菌株携带的其他毒性基因频率也同时上升了。这种基因的"搭载"现象也是常见的。

人们早就了解品种对毒性小种的这种选择作用,后来范·德·普朗克(1968)将品种的这种选择作用称为"定向选择"。病原菌可通过基因突变和毒性基因频率增长来适应具有抗病基因的作物品种,抗病品种的这种有利于毒性的选择作用就是"定向选择"。定向选择导致了小种演替,使具有匹配毒性基因的小种在群体中占优势,从而使抗病品种失效。

3. 品种本身与环境变化的作用 品种本身和环境条件也会发生变化,对小麦条锈病的抗病性失效现象来说,这些变化虽然不是主因,但也需要注意。

品种抗病性可因基因突变而发生变化,许多抗病基因座位是杂合的(Rr),等位基因发生一次突变,就变成感病类型了,但由于突变率很小,突变体适合度过低或缺乏选择压力等原因,感病突变体不一定能够保存和发展起来。

在田间比较常见因机械混杂和天然杂交所造成的品种抗病性退化。抗病品种群体中混杂少数感病品种的植株,或者抗病品种与感病品种相邻种植,就会发生天然杂交,后代分离出感病类型。小麦的天然异交率为 0~3%,晚分蘖的小花,常雄蕊不育,异交率比主穗高 6 倍。因而,有的小麦品种主穗的种子,长出抗病植株,而晚分蘖的种子却长出了感病植株。

小麦品种群体内混有很少的遗传异质个体,除机械混杂和突变外,还由于在杂交育种过程中,株系混合过早造成群体不纯,高代继续分离或分化也造成了群体不纯。许多生产中应用的品种并不是严格的同质纯合体,但如果没有适合的条件或适合的菌株来检测,很难发现。

用小麦条锈菌条中 29 号的 7 个毒性突变菌株,接种测定品种抗病性的分化,发现重要抗原水源 11、抗引 655 和无芒中四,对突变菌株的抗病性有明显分化(表 25)。不仅如此,在已经使用或推荐使用的 42 个抗原品种中,有 20 个表现不同程度的抗病性分化。不同品种,分化的表现不同,有的出现感病植株,有的出现反应型级别不同的抗病植株,有的兼而有之。对品种抗病性变异的长期观察发现,抗病品种群体的变化始于极少数变异植株,此类植株对病原菌群体中的毒性菌株或稀有小种有筛选作用,有利于其保存和发展。

表 25 小麦品种无芒中四抗条锈性分化现象

(井金学等,1997)

种子来源	菌 系							
	CYR29-1	Mut1	Mut2	Mut3	Mut4	Mut5	Mut6	Mut7
北 京	0;	0;	0;	0;	0;	4	0;,2	0;
杨 凌	0;	0;	0;	0;	0;	0;	0;,2$^+$	0;
甘 谷	4	3$^-$	3	3,0;	4,0;	3,1,0;	3	0;,3
中 梁	0	0;	0	0	0	0	0;	0

注:表中数字为反应型

品种本身的变化,除了抗病性退化外,当然也能因突变和天然杂交,在感病群体中出现抗病个体,这成为系统选种的依据。

环境因素和栽培管理因素,对植物抗病性表现有多方面的影响,温度、光照和植物营养对发病的影响最大。有许多情况,诸如增施氮肥降低抗病性,施用磷、钾肥增强抗病性等已经尽人皆知。在品种的生命跨度内,环境引起的抗病性变化受其遗传性制约,是表型的变化。

环境条件对大范围抗病品种失效的影响,在于适于发病的环境条件,提高了病害流行程度,有利于新的小种繁殖和菌量积累。有些地方生态条件适于条锈病菌越夏和越冬,就地完成周年循环,这特别有利于新小种的保存和发展,从而成为新小种的策源地和菌源基地,在这些地方,品种抗病性最早失效。

(二)持久抗病性和抗病性的持久度

英国抗病育种专家约翰逊长期为麦类抗条锈品种的短命问题所困扰,在实践中力图寻找持久抗病的途径,并提出了持久抗病性的概念,倡导选育持久抗病性品种。

1. 持久抗病性 约翰逊认为,若某一品种在适于发病的环境中,长期而广泛地种植后,仍能保持其抗病性,则它所具有的这种抗病性就是持久抗病性。曾士迈(1996)分析了我国小麦品种抗条锈性变异实况后,更明确地指出,某品种在小种易变地区多年大面积推广,当该地区在所属年代已有数批品种"丧失"了抗病性之后,该品种仍然始终未变,则它所具有的抗病性为持久抗病性或很可能是持久抗病性。

现今我们已经掌握了许多持久抗病性的事例。长期以来有一种误解,似乎主效基因抗病性是小种专化的,也必然是短命的,但实际并非如此,主效基因抗病性也不乏持久抗病的实例。例如,$Yr18$就控制多个品种的持久抗病性,该基因位于染色体7D。$Yr18$基因与2~4个微效基因组合,抗病效能明显提高。类似的持久性抗锈主效基因还有 $Sr2, Sr26, Sr31$,

$Lr34$,$Lr46$ 等。

$Sr2$ 位于染色体 3BS,控制成株对秆锈病的抗病性。该基因来源于二粒小麦(Yaroslav emmer),与控制伪黑颖性状的基因连锁。澳洲、美国和国际玉米小麦改良中心(CIMMYT)选育的许多品种具有该基因,表现持久抗病。该基因在北美已经利用了 50 多年,仍未失效。

$Sr26$ 来源于彭梯卡偃麦草(长穗冰草),位于染色体 6AL,控制全生育期抗锈性,用于澳洲小麦育种,抗病性水平高,利用了近 20 年仍未失效。

$Sr31$ 来自黑麦,位于其 1BL-1RS 染色体上。该染色体上还有著名的抗条锈基因 $Yr9$ 和抗叶锈基因 $Lr26$,但都非持久抗病性基因。$Sr31$ 在澳大利亚和我国广泛应用,仍保持抗病。

$Lr34$ 位于染色体 7D,控制对叶锈病的持久抗病性,该基因与抗条锈病基因 $Yr18$ 连锁,亦与控制叶尖坏死性状的基因连锁。

$Lr46$ 抗病程度中等,具有明显慢锈特征。国际玉米小麦改良中心的品种 Pavon 76 含有该基因,表现持久抗病性。复合使用 $Lr34$ 与 $Lr46$ 效果更好。

关于定量抗病性品种持久抗病的报道很多。麦类的慢锈品种多数是农家品种,对这类持久抗病品种,多是通过其抗病表型的定量特征而推测其遗传方式的,仅部分通过遗传学试验,证实确由微效基因控制。在人类应用农作物抗病性的早期,主要使用定量抗病性品种。以后随着小种专化抗病性育种的发展,定量抗病性因不加选择而流失,或者仅作为遗传背景起作用,在主效基因抗病性被新小种克服之后,才显露出来。欧洲抗条锈病的小麦品种,除主效基因 $Yr18$ 以外,至少还有 10~12 个慢锈基因起作用,这些基因单独表现微效至中效,有加性效应,随着基因数目的增多,抗病程度也增强。与 $Yr18$ 复合使用,抗病效能更好(表 26)。Pavon 76 和 Attila 等品种没有主效基因,仅具有控制成株抗病性的微效基因。

表 26 成株抗条锈病的小麦品种田间病情与抗病基因组成的关系

(引自 Singh 等,1994)

品 种	条锈病严重度(%)	抗病基因
Jupateco 73S(对照)	100	
Jupateco 73R	50	$Yr18$
Parula,Cook,Trap	15	$Yr18$+2 个微效基因
Tonichi 81,Sonoita 81,Yaco	10	$Yr18$+2 或 3 个微效基因
Chapio,Tukuru,Kukuna,Vivitsi	1	$Yr18$+3 或 4 个微效基因
Madina	30	3 个微效基因
Pavon 76,Attila	20	3 个微效基因

注:对照品种中度感病,孢子堆周围无褪绿或坏死现象,其余品种中度抗病至中度感病,孢子堆周围有褪绿或坏死

高温抗锈性没有生理小种专化性,也是一类持久抗病性。前述小偃 6 号,在 20 世纪 80 年代初期就已出现能侵染该品种的多个条锈菌毒性小种,但迄今它一直保持田间抗锈性。美国西北部采用 7 个具有成株高温抗条锈性的品种,种植 25 年之久仍然有效。

据甘肃陇南,在 1973~2002 年 30 年间的系统观察,发现在许多生产品种失效的同时,里勃留拉、N. 斯特拉姆潘列等几个品种长期保持了稳定的抗条锈性(图 14)。

里勃留拉是从意大利引进的,在 20 世纪 70 年代初期表现中抗,反应型 2 型,以后变为 2~3 型,但普遍率和严重度一

直很低,具有慢锈特征,可能由微效抗病基因控制,虽然在越夏区和越冬区大面积种植,经历了10余个小种交替,仍保持持久抗病。N. 斯特拉姆潘列(N. Strampelli)也是从意大利引进的,在有记载的25年中,19年表现免疫,其余年份也表现低反应型抗病性,仅有1年例外。

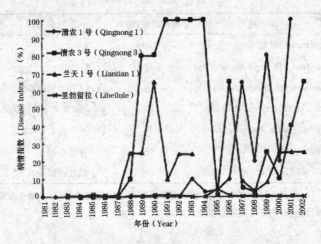

图14 陇南4个生产品种抗条锈性变化动态
(周祥椿等,2003)

兰天12号、兰天1号等在主效基因抗病性失效后,仍然保持了其他类型的抗病性。兰天12号在越夏区种植,最初表现免疫,在出现条中32号后反应型变为感病类型,但严重度低而稳定,多数年份病情指数低于1%,最高的年份也仅达4%,属高度慢锈品种,持久抗病。兰天1号亲本为洛夫林13和墨西哥30,含有$Yr9$,因条中29号小种的出现而失效,但该品种仍具有高温抗锈性,长期病情较低,病情指数多为10%~25%。

同期其他生产品种均因小种变化而陆续失效。例如,中梁 5 号保持了 2 年,清农 3 号抗锈性保持了 5 年,清农 1 号的抗锈性由 1 对显性抗病基因控制,表现免疫、近免疫达 12 年,因高感条中 31 号和条中 32 号而失效。

2. 抗病性的持久度 任何抗病品种都有一定的使用寿命,有的抗病有效性持续时间很短(非持久抗病性),有的则相当长(持久抗病性),取决于品种基因型、病原菌和环境。抗病品种的有效期被称为抗病性持久度。

曾士迈(1996,2004)认为抗病性的持久度是任何品种在环境条件和品种布局等因素影响下其抗病性表现的持久程度,即通常所谓抗病性的寿命长短。对同一品种而言,它取决于环境条件和病害系统的背景结构及人为管理。生理小种专化性抗病性虽然在一般情况下都是短命的,但若采用特殊遗传结构或合理布局,也可能相当持久。持久抗病性指的是基因型,抗病性持久度是表现型。表现持久的未必就是持久抗病性,而持久抗病性的表现也因环境条件和小种品种互作系统而异。

对条锈病抗病品种持久度的模拟试验表明,抗病品种的寿命取决于很多因素的相互作用,品种本身的抗生理小种谱,种植面积和由气候条件制约的病害流行速率是主导因素。品种抵抗的生理小种谱越窄,种植面积越大,病害流行速率越高,持久度就可能越低。

因而除了选育持久抗病性品种以外,采取合理的育种和品种使用策略,延长品种抗病性的持久度,也是解决抗病性失效问题的重要途径。

(三)延长抗锈性持久度的途径

延长品种抗病性持久度的途径,主要有改进育种策略和合理使用抗病品种。在这两个方面,我们的专家都已提出了不少方案,这些当然不是凭空臆测,但多数尚没有实践证实,需要进行试验和深入探讨。

1. 改进育种策略 在改进育种策略方面,已经提出了多个途径,其基本点都是增强品种的遗传多样性和尽量综合不同类型的抗病基因。

(1)选育聚合品种 在各种方案中,选育和使用抗病基因聚合的品种是惟一经过较多实践考验的。聚合品种是利用常规育种方法,将多个抗病基因综合到一个品种中育成的。病原菌难以对每一个基因顺序发生突变,抗病效能高而持久。要根据病原菌群体毒性的变化,有目的地选用适宜基因。利用适合的分子标记,可以准确发现具有不同抗病基因的材料,鉴选具有多个目的基因的基因型,加快聚合品种的选育。

前面叙述的我国的繁6-绵阳系小麦品种就是利用聚合品种成功的实例。繁6是四川农业大学颜济等选用7个亲本杂交而成,其组合为:伊博1828/印度824/3/四川51麦//成都光头/中农483/4/中农28B/伊博1828//印度824/阿夫。本来这种聚合杂交方法涉及多亲本多次杂交,基因组合特别复杂,目标基因的重组概率非常小,子代需要很大的群体才不致于丢失目的基因。颜济等实行了选显性性状的方案,直接追踪目的基因,用了8年时间,在杂种第五代就实现了期望,把7个亲本的10余个目的基因聚敛在繁6及其姊妹系中。由于期望的优良性状都是显性性状,品种的抗条锈性强,适应能力也特别强,在20世纪70年代就开始在四川小麦生态区广泛种植,单年种植面积超过233万公顷。

后来绵阳农科所又以繁6为抗病亲本,先后培育出绵阳11、绵阳15、绵阳19、绵阳20、绵阳21、绵阳25、绵阳26等绵阳系列品种,于20世纪80年代初推广种植。其他育种单位以繁6及其姊妹系69-1776或绵阳11为亲本,先后育出了川麦21、川麦22、川麦23、川麦24、川麦26、川麦27;川育5号、川育6号、川育8号、川育11号、川育12号;80-8,天选36、天选40和小偃107等许多生产品种。这些品种具有多个抗锈基因,抵抗20世纪70~80年代的多个条锈病菌流行小种,先后在条锈病常发区四川、陇南和陕南连续种植,年种植面积保持在150万~270万公顷,直至20世纪90年代新小种条中30号、条中31号出现,才陆续失效。

抗病品种聚合的基因可以是分别抵抗不同病害的,以达到多抗、兼抗的目的。例如,兼抗条锈病、白粉病、黄矮病的小麦新种质YW243,其系谱为(PP9-1/陕7859//丰抗8)//(3×丰抗13/Khapli),聚合有抗白粉病基因$Pm4a$,抗黄矮病基因$Bdv2$,来源于陕7859、丰抗8号和丰抗13的抗条锈病基因以及新基因YrX(抗条中31号小种)等。

聚合多个抗性基因,可以延长品种抗病性的持久度,但也不是累加的基因越多越好。聚合的基因越多,基因表达所消耗的能量也越多,虽然高度抗病,但未必增产。若利用外源基因,携带抗病基因的外源染色体片段大小,外源染色体在当前遗传背景中综合的遗传效应也会影响基因聚合体的农艺性状。

(2)选育多系品种 所谓多系品种是农艺背景相同的一套抗病单基因系混合物,每个成员具有不同的抗病基因。这是将一组已知的小种专化性抗病基因,分别转育到一个具有优良农艺性状的品种中,获得单基因系,然后将其混合使用。

多系品种实际是以群体模拟多基因品种,具有与多基因品种相同的流行学效果,可以稳定病原菌群体组成。多系品种的组分间只有抗病基因不同,以此可与后述混合品种相区别。

多系品种有两个类型,其一是"洁净"多系品种,需不断调整组成成分,保持整体无病。若其中某个单基因系失效,就立即用新品系替换。这是通过打断定向选择的办法,防止优势小种产生。显然,只有当多系品种的寿命,比各单基因系轮流使用寿命总和还长时,多系品种才有意义。另一个类型是所谓"肮脏"的多系品种,即添加不含抗病基因的感病品系,在混合体中保持一定数量的感病成分,企图通过感病成分的作用,使简单小种保持优势。

多系品种的应用,多为田间试验和大面积试用的个案,仅有少数推广品种的报道。例如,印度有抗条锈病和叶锈病的小麦多系品种,但不知其实际效果如何。

(3)抗病基因累加　国际玉米小麦改良中心采用不断累加抗病基因的办法,选育抗病小麦品种。该中心的育种学家认为若只局限于一组抗病基因,即使这些基因是稳定的,也会降低遗传异质性,因此要不断地培育新的抗病基因组合。用一个或一组具有潜在持久抗病性的基因作为中心抗原,再不断地累加其他抗病基因,从而保证抗病性的遗传多样性。这些累加基因还可以增强中心基因的有效性,抗病性表现出加性效应或多重效应。

(4)超前育种　超前育种是针对未来毒性小种的抗病育种过程。通过全国范围的小种监测和对新小种发生规律的了解,有可能根据现存小种的特征,现有品种的抗病基因分布和抗病基因利用趋势,来预测未来的优势小种,启动育种过程。在新小种出现后,立即用新品种来替换。

(5)选育微效基因抗病性品种　选育微效基因抗病性品种,也是重要持久抗病性育种策略,已有不少探讨,育种难度较大,需要排除主效基因抗病性的干扰和进行群体选种。有些定量抗病性抗原品种产量水平较低。现多主张结合应用两类抗病性,选育具有综合抗病性的品种。

(6)利用不同机制的抗病性　在麦类作物抗锈病育种中,所利用的基本是具有小种专化性的低反应型抗病性,以发生过敏性反应为特征。应加强对其他抗病机制的研究和应用,如应用具有抗侵入机制的材料。小麦的高温抗锈性虽然也表现低反应型,但不具有小种专化性,表现持久抗病,也可利用。

2. 合理使用抗病品种　同一抗病品种的大面积栽培,造成了遗传同质性,虽然有利于保持稳定的农艺性状和实行农业机械操作,但有致命的弱点,可促成定向选择,酿成病害异常流行。通过抗病品种合理布局和使用混合品种,提高作物的遗传多样性,便成为最重要的抗病品种合理使用策略。

(1)抗病品种(基因)合理布局　抗病品种或抗病基因的合理布局,包括时间上的轮流使用和空间上合理分配,都是企图人为地抑制定向选择,保持病原菌群体毒性结构的稳定。

小麦条锈病菌有越夏区、秋苗发病区和越冬区以及春季流行区,每年都有大范围菌源转移。植病学家似乎更有兴趣探讨所谓空间合理布局,即在这几类流行区域之间,合理分配使用抗原,实现抗病基因或抗病品种的合理布局,切断毒性小种的传播和积累。

据曾士迈(2004)的模拟试验,抗病品种的合理布局能有效地推迟和减缓抗病性的失效,但其效果易受品种面积、条锈病流行速率和条锈菌越夏区面积浮动的影响。在品种布局策略上要注意3点。

第一,越夏区与非越夏区的品种不要相同,但区间大布局只能解决非越夏区的问题,要兼顾越夏区与非越夏区,就必须做好越夏区和越夏相关地区内部的小布局,小布局的关键是抓准越夏途径和越夏区范围,对条锈菌越夏途径中不同成熟期的麦田,逐期配置不同抗病品种,进行细致的布局,布局要和截断越夏途径相结合。

第二,要控制每个抗病品种的面积,增多抗病品种的数目。在所用模型规定的条件下,每一抗病品种的种植面积百分比不可超过15%,抗病品种总数不能少于6个。

第三,要尽量压缩感病品种的种植面积,减少大区流行的菌量,感病品种面积不宜超过10%。鉴于流行系统定量控制的复杂性,这些指标只能用于进一步研究,还不能实际使用。

在目前情况下,生产上尽量增多抗病品种数目,只要越夏区与非越夏区品种雷同的不多,就能程度不同地延长抗病品种的使用年限。

(2)使用混合品种 混合品种也称为品种混合,是指将抗病性不同的品种种子混合而成的群体,种植混合品种是一种提高作物遗传多样性的简单方法,有人定义为"将多个抗病性不同,但仍有足够相似性的品种混合种植"。使用混合品种并不改变栽培体系,但能保持稳产,减少农药用量,比多系品种易于实施。用于混合的品种应具有优良农艺性状,且表型特点,如成熟期、株高、品质、籽粒性状等相似。

品种混合并不能完全抑制或消除病害,但可以显著减轻病害。其减轻病害的原因主要有稀释作用、屏障作用和产生诱导抗病性。

稀释作用是指因混合有抗病植株,感病植株之间的距离加大,病原菌产生的孢子被稀释,大量着落在抗病植株上的孢子,不能成功侵染和产生下一代孢子,有效接种体减少。

屏障作用是指群体中的抗病植株成为孢子扩散的物理屏障,阻滞了孢子分散传播。抗病植株的数目和形体大小,孢子扩散的物理性质影响此种屏障作用的强度。一般说来,混合的效果随单株形体的增大而减小。

无毒小种的孢子降落在不亲和品种植株上,激发诱导抗病性,从而降低了对毒性小种侵染的感病程度,侵染效率和新生下一代孢子数目都有减少。诱导抗病性是非专化的,能显著降低发病水平。有人认为在小麦品种混合群体中,条锈病发病程度可因诱导抗病性而降低 1/3。

从病害流行学的观点来看,病害流行程度是初始菌量、流行速率和流行期间其他参数的函数。混合品种因含有对不同小种抗病的组分,就相应地减低了初始菌量。群体中感染特定小种的植株减少,再侵染数量也随之减少,表观流行速率降低。

有些混合品种已经投入商业应用,在许多国家都有防治不同病害的成功实例。美国俄勒冈州东北部和华盛顿州东南部,为防治条锈病和保持稳产,大面积应用混合品种。

(3)优化栽培　良种良法,实施优化栽培。特别要加强肥水管理,优化农田生态条件,这不仅有利于品种抗病潜力的发挥,而且还直接降低了病害流行速率,减轻了发病程度。要建立健全良种繁育制度,保持抗病品种纯度,及时提纯复壮,这是保持和提高品种抗病性的重要保障。要搞好抗病品种与其他防治措施的配合,实行综合防治。使用抗病品种并不排斥其他防病措施,采用栽培措施或使用药剂压低菌源,更有利于发挥品种的作用和减慢毒性小种的积累。在种植中度抗病品种时,更应搞好配套防治措施。

第六章 病情调查与预测预报

病情预测是依据病害发生规律和历史资料,利用前兆因子,提前对发病程度、发病范围或发生趋势做出科学的估计,预报是由权威机构向公众发布预测结果。条锈病预测预报的主要目的是预先向有关领导、农业部门和社会公众提供病情信息,以便提前安排农业生产,制定防治计划,及时做好防治工作准备,适时进行条锈病防治,特别是药剂防治。我国在1958年首次颁布了"小麦锈病预测预报试行办法",以后屡经修订,1996年,更颁布了标准化的《小麦条锈病测报调查规范》。我国从20世纪50年代起就开始建立农作物病虫测报体系,已经建成了从国家农业部到地方各级测报站构成的测报网络体系,承担包括条锈病在内的病虫害监测、预测预报和指导防治的任务。

一、病情调查

《小麦条锈病测报调查规范》规定,小麦条锈病病情调查分病情普查和病情发展系统调查两类。病情普查分别在秋苗期、返青期、小麦生长后期进行,越夏区还要进行越夏调查。普查的目的是从总体上把握各关键流行阶段的特征,了解大面积发病情况,为病情预测提供依据。系统调查包括病点发展系统调查和病田定点系统调查,其目的是了解各年锈病发生消长过程,为病情预测提供精细资料以及积累多年系统资料。

(一)病情调查记载指标

小麦条锈病的病情主要用普遍率、严重度和反应型表示。在秋苗和早春点片发病期,还用病田率、传病中心数和单片病叶数等指标。

普遍率指发病叶片数占调查叶片总数的百分率,用以表示发病的普遍程度。

严重度指病叶上条锈病菌夏孢子堆所占叶片面积的百分率,用分级法表示,依据分级标准图目测估计。条锈病严重度分级标准图有多种,现采用商鸿生等(1990)设计的分级标准图(图15),设1%、5%、10%、20%、40%、60%、80%和100%八级。叶片未发病,记为"0",虽然已发病,但严重度低于1%,记为"t"(微量)。调查时目测估计每片调查叶片的发病严重度,统计平均严重度。

平均严重度=∑(各严重度级别×各级病叶数)/调查叶片总数

反应型表示小麦品种的抗锈程度,按0、0;、1、2、3、4六个类型记载,分级标准见表3,各型可附加"+"或"−"号,以表示偏轻或偏重。

秋苗和早春条锈病处在点片发生阶段,此时普遍率很低,发病程度可用病田率、传病中心与单片病叶数量表示。病田率指发生条锈病的田块占全部调查田块的百分率。条播麦田单垄15厘米长度内,撒播田15厘米见方内有3片以上病叶时即为传病中心,其数量用传病中心密度(个/667平方米)、平均面积和中心内病叶数目等指标表示。调查田内分散而孤立出现的病叶称为单片病叶,其数量用密度(片/667平方米)表示。

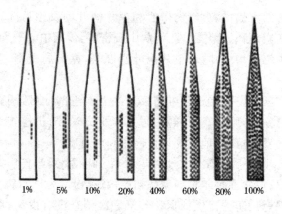

图 15 小麦条锈病严重度分级标准图

(二)病情普查

在秋苗期、返青期以及小麦的生长后期分别进行,越夏区还要进行越夏菌源的普查。

1. 秋苗期调查 此期调查提供冬前大面积菌源资料,作为冬前预测的主要依据之一。越冬区在越冬前调查,非越冬区和冬季繁殖区在秋苗发病盛期调查。同一地区每年的调查时间应大致相同。要依据小麦栽培区划和秋苗发病情况,选定若干代表性区域,在各代表性区域内选感病品种早播和适期播种麦田调查。调查田的数量,原则上依据距越夏区的远近和常年秋苗发病普遍程度确定,距越夏菌源较近秋苗发病较普遍,调查田可少些,反之应多些,一般不少于 10～30 块地。每块地面积应大于 334 平方米。

在小麦条锈病点片发生时期,若田块面积在 667 平方米以上,则 5 点取样,每点 67 平方米,田块面积不足 667 平方米时,则进行全田普查。调查时,采用低头慢步踏查和蹲下细查相结合的方法,检查传病中心和单片病叶的发生情况。统计记载实察面积、叶片密度、传病中心密度、传病中心平均面积、传病中心平均病叶数、单片病叶密度等,算出病田率、病点率等。

在秋苗发病严重且可连续发展至春季的地区,调查时若全田已发病,则取 5 个样点,每点 2 平方米,随机检查 200 个叶片的发病情况,记载统计普遍率和严重度。

2. 返青期调查 在小麦返青后 15~20 天调查病害的发生情况,以掌握每年早春锈病初始菌源数量,为早春病害预测和开展锈病防治提供依据。若第一次调查没有发病,则应间隔一段时间再行调查。小麦无明显越冬现象的地区,可在早春条锈病情开始上升后进行。以外地菌源为主,春季发病较迟的地区,普查时间至拔节期进行。调查方法和项目与秋苗期调查相同。

3. 小麦生长后期病情普查 在小麦乳熟期或当年病情停止发展前进行普查,以确定当年病害的最终流行程度,观察各小麦品种的抗锈状况。历年所获资料可用于组建预测模型,调查结果还可用于评估当年测报准确率。调查田块应选择主栽品种早、中、晚播各类麦田或具有代表性栽培条件的麦田,田块数按品种的栽培面积酌定,一般不少于 10~15 块,栽培面积较小的品种只调查代表性麦田。每块调查田 5 点取样,每点 2 米行长或 1 平方米,各点随机检查 100 个叶片(旗叶和旗下一叶)。计算普遍率(%)、平均严重度(%)、判定反应型。

4. 越夏调查 在条锈病菌的主要越夏地区进行,以掌握每年越夏菌源动态,积累系统的可比性资料。越夏调查结果还可用于超长期趋势分析和为秋播防治提供依据。

越夏调查在8月下旬或者越夏寄主(晚熟春麦、冬麦、自生麦苗)发病盛期进行。为使同一地区的调查数据具有可比性,每年应按大致相同的路线巡回调查。调查时,选晚熟春、冬麦感病品种代表性田块和滋生自生麦苗的麦茬复种田、休闲田作为调查田。调查田块数量按各类型田的实际面积酌定,但每个调查地点实际调查的自生麦苗田块数应不少于10块,总面积不少于3 300平方米。晚熟春、冬麦调查田可目测估计条锈病发生情况,统计记载发病的普遍率、严重度和反应型。自生麦苗调查田需采用踏查估计和取样细查相结合的方法,估计自生麦密度和发病的普遍率与严重度。

(三)病情发展系统调查

系统调查可以掌握锈病的发生消长趋势与空间格局,用以指导大田防治,以及积累系统资料,改进测报技术。系统调查包括病田定点系统调查和病点发展系统调查。

1. 病点发展系统调查 此项调查可以全面了解秋苗期、越冬期和早春的病情变化过程,所获资料可与普查资料相互参照,以找出影响早期菌量与越冬率的关键因素,建立越冬菌量、早春菌量的预测模型。

本项调查仅限于在小麦条锈菌潜育越冬地区实施。调查要选取发病条件好的感病品种早播麦田作为调查田。秋苗期发现病叶后即标定3个传病中心(传病中心周围至少2米以内无其他病叶)作为病点,每隔10天调查1次病点消长情况,直至春季田间普遍发病为止。统计记载各点发病面积、病叶片数、严重度等。若秋苗期无传病中心,则不进行此项调查。

另外,在小麦条锈菌潜育越冬的地区,若需要病害潜育资料作为早春预测依据,或进行病菌越冬率研究时,可实施传病中心潜育越冬调查。调查采用在秋苗发病盛期至少标定5个传病中心,在小麦越冬后返青前,将标定的传病中心范围内的全部麦苗移植于温室或塑料棚内,逐日检查连续显症的病叶,至不再出现新病叶止。每次检查后应将显症病叶摘除,以防止发生再侵染。计算潜育病叶率,即显症病叶数占移植叶片总数的百分率。

2. 病田定点系统调查 目的是了解春季流行的时间动态,当年调查资料可用以修正早春预报,并作为确定药剂防治时期的参考。多年积累资料可用以建立预测模型或归纳预测指标。

在小麦条锈病非越冬区、潜育越冬区和春麦区由春季发现病叶后开始定点调查,秋苗期至春季条锈病能持续发展危害的地区,由秋苗发病后开始定点调查。调查宜选择发病条件较好,发病较早的代表性感病品种麦田作为系统调查田,若当地普遍种植抗病品种,难以选定系统调查田,则应预先在发病条件较好,观察方便的地块播种感病品种,建立"测报调查圃",用于系统调查。

在系统调查田内或测报调查圃内标定3个点(调查点需有病叶),每点2米行长(条播田)或1平方米(撒播田),每隔10天调查1次,至小麦成熟期或病情停止增长为止。发病初期,需检查点内全部叶片发病情况,当普遍率达5%以上时,每点随机检查200个叶片。统计记载病叶数、普遍率与严重度。

另外,为了及时了解品种抗病性变化情况,还要在不同的地理区域设立"品种抗锈性变异观察圃",在小麦不同生育期进行观察记载,为测报工作提供品种抗病性方面的依据。

二、病情预测预报

在全国测报网络体系中,有甘、陕、川、鄂、豫等10多个省级测报站和条锈病主要流行地区的54个地、县级测报区域站,承担条锈病调查、监测和预测预报任务。基层区域站承担条锈病调查、监测、中短期预测预报和指导防治的任务,其主要任务是监测和指导当地防治。调查所得数据除供本地使用外,还要及时上报。省(市)、中央各级测报站以更大地域范围的中、长期预测预报和指导防治为主。现行主要测报方法是综合分析法,辅以各种数理统计预测方法。

(一)综合分析预测法

根据当地条锈病流行关键因素,将所掌握的病情、品种布局等资料以及气象预报中关于降雨和温度的趋势及其预测值,与历年锈病流行实况和气象资料进行比较,经过全面权衡和综合分析后,做出病害流行程度的预测。自20世纪50年代开展综合分析预报以来,一直发挥着重要作用,经长期实践和总结经验,预测的准确性得到了提高,预测的时间和空间范围都有所扩大。这项测报可由有经验的测报技术人员单独完成,亦可通过召开会商会、重点咨询有关专家等形式,广泛听取意见,实现集体会商预报,当前在中央和省一级做出的预报主要有冬前趋势展望,早春趋势预测,地、县级则主要是在田间病情系统调查监测的基础上,发布以防治适期预报为主的短期预报。

1. 冬前展望 各测报站事先调查和了解秋苗发病情况,小麦品种抗病性变化及其布局,条锈病菌小种变化,秋冬至翌年春季气象因素状态和变化趋势,在每年条锈病菌进入越冬之前,对翌年春季条锈病流行地区和流行趋势做出估计,这称为冬前展望,即冬前长期趋势预报。预测结果有助于管理部门对条锈病防治工作做出具体部署和药、械等物资的准备。

若感病品种栽培面积大,秋苗发病多,冬季气温偏高,土壤墒情和苗情好,或冬季气温不高,但积雪时间长,雪层厚,而气象预报翌年 3~5 月份多雨,条锈病就有大流行的可能;反之,则病害一般不会大流行。在异地菌源引起条锈病流行的地区,要研究和掌握与当地春季流行相关地区的发病情况,按当地常年流行规律进行预测。

全国植保总站病虫测报站每年在冬前进行全国病害趋势预报时,要收集、整理和分析比较全国各地秋苗的发病情况,尤其是甘肃陇东、陇南,陕西关中,川西北,鄂西北等重点越冬区的发病情况,并根据全国各流行区小麦品种的抗病性及其布局,条锈菌生理小种鉴定结果,参考中央气象台长期天气趋势预报,综合分析后,对翌年条锈病的流行趋势作出估计。

2. 早春预测 开春以后,根据条锈病菌的越冬率和越冬菌量的大小,冬春气象与苗情对条锈病流行的影响,对冬前展望做出校正预报。校正后的流行区域和流行程度应当更接近实况。

通常情况下,若条锈病菌越冬率高,早春菌源量大,气温回升快,春季流行关键时期(各地不同)的雨水多,将发生大流行或中度流行;如早春菌源中等,春季关键时期雨水多,将发生中等流行甚至大流行;如早春菌源量很小,除非气象条件特别有利,一般不会造成流行。但若外来菌源量大,也可造成后期流行。

就全国而言,开春以后,要重点了解鄂西北、豫南、川西北、陇东、陇南、关中等重要越冬区和冬季繁殖区菌源量的多少,返青后发病的早晚,发病范围的大小,以及小麦苗情、春季气象状况等。召开科研教学单位、有关省测报站、重点区域站专家参加的锈病趋势会商会,对春季流行趋势进行综合分析,作出预测。

菌源量的大小需要从历年病田率,病点率,传病中心密度、面积,单片病叶密度等指标的比较中确定。为此要收集和积累多年的病情与气象资料。病田率和病点率表示病情分布的普遍程度。传病中心和单片病叶密度等表示发病的严重程度。当病情分布普遍而发病又很重时,表明菌源量大;当分布普遍而发病轻微,或分布较少而发病较重时,表示菌源量中等,但前一种情况比后一种情况的菌源量较大;当发病较少而又较轻时则表示菌源量小。

3. 防治适期预测 防治适期预测主要是地、县级测报站,根据病情发展系统调查和大田发病情况,气象预报,小麦生长发育情况,田间水肥管理状况等,预测条锈病流行时间、区域和程度,提出是否需要防治和防治的有利时期。

(二)指标预测法

综合分析预测法全面考虑了菌量、关键时期气象条件、品种、小种、农田管理(播期、栽培制度,水浇地面积等)诸方面的变化,只要资料翔实具体,气象预报比较准确,用这种方法预报是相当可靠的。这种方法主要的缺点是诸预测要素没有明确的数量界限,需仔细比较研究多年、多点发病的资料,把握的难度较大,预测时不易掌握,需要有经验的测报人员实施。因而,早就有人试图给出各预测因子的数值范围,提出预测指标,进行指标预测。

小麦条锈病最早的预测指标是季良和阮寿康(1962)提出的,依据河北省石家庄地区1950~1958年的气象、菌源和条锈病病情资料,经统计分析,提出了适于河北省中南部和类似条件的地区的指标(表27)。此后,其他省、自治区也陆续提出了类似的或综合更多预测因子的指标,用于当地条锈病预测。

表27　小麦条锈病流行预测表

(季良、阮寿康,1962)

菌量(3月下旬至4月下旬每667平方米的病点数)	4月份水分条件		
	好(雨露日15天以上,雨量50毫米以上)	中(雨露日10~15天,雨量15~40毫米)	差(雨露日5天以下,雨量10毫米以下)
大(10个以上)	大流行	大或中度流行	中度流行
中(1~10个)	中度或大流行	中度流行	轻度流行
小(1个以下)	中度流行	轻度流行	不流行

(三)数理统计预测法

随着配套历史资料的积累与计算机技术的应用,许多测报人员和研究人员致力于数理统计预测模型的研制,先后提出或使用了多元线性回归模型、简易概率统计法(统计分辨法、分档统计法等)、日增长速率预测法以致计算机模拟模型等。其中研制和应用最多的是多元线性回归预测式,其一般形式为:

$$Y = a + b_1 X_1 + b_2 X_2 + b_3 X_3 + \cdots\cdots + b_m X_m$$

式中,Y为预测值,X_1至X_m为选定的预测因子。由于依据的是多年配套的病害调查资料和气象观测资料,此类预测式的回测正确率都很高。但其中多数利用的并非全是前兆因子,而包含有预测因子,即未来的气象预测值。因此,这并非是严格意义的预测方程,可视为综合分析预测的数学表达。另外,有的预测方程尚以抗病品种面积作为预测因子,也不恰当。这可能源于有些地方所统计的"抗病品种"包含有大量"耐病品种"与"中感品种",也会严重感染条锈病的缘故。

第七章 栽培防治与药剂防治

长期以来,小麦条锈病的防治贯彻了以"种植抗病品种为主,栽培防治和药剂防治为辅"和"预防为主,综合防治"的方针。进入本世纪之后,根据农业部《小麦条锈病中长期治理指导意见》,建立小麦条锈病持续治理机制,坚持"长短结合、标本兼治、分区治理、综合防治"策略,以西部越夏区治理为基础,以中西部低山盆地冬繁区控制为关键,以黄淮海平原流行区预防为重点,统筹规划,全面推进。在具体实施中,以生态区为单元,配套组合关键防控技术,实行分区治理。例如,在陇南菌源基地区,依照高山区、半山区和川区的不同情况,实行"打山保川,打点保面"的综防策略,采取不同的防治措施。在高山区调整作物布局,压缩小麦面积,清除自生麦苗,适期晚播和推广药剂拌种;半山区调整作物布局,按合理布局的要求种植抗病品种、采取药剂拌种和早春喷药等措施;川区则种植多种类型的抗病品种,根据病情预测,及时喷药防治。关于抗病品种及其合理使用已在前文论述,本章简要介绍栽培防治和药剂防治措施。

一、栽培防治

栽培防治又称为农业防治,是通过合理运用农田管理措施来控制病害的防治途径。栽培防治具有压低菌量,增强麦株抗病性,调节农田生态条件,使之不利于病害发生等多方面的作用。通常此类措施需统筹安排,全面实施或长期连续实行方能奏效,且多与品种、药剂等防治措施配合使用。栽培防治措施又多具有地域性、时效性,需因地制宜,因时制宜。

第一,调整作物布局。在重要越夏区和菌源基地,结合当地农业生产结构调整,通过试验示范,压缩小麦面积,扩种其他粮食作物,积极发展经济作物、草业和林业。

例如,甘肃省天水市从2002年起,采取了退耕还林和作物结构调整的一系列措施,有效地压缩了海拔1 600～1 800米范围内的小麦面积,减轻了条锈病的发生。该市对林缘小麦种植区和坡度大于25°的小麦田块实施退耕还林、还草,在南部梯田和川塬,发展地膜玉米、马铃薯、油菜、向日葵、大蒜、芦笋、洋葱、胡萝卜、双孢菇等多种经济作物,在北部梯田和川塬,扩种中药材、花卉、地膜玉米、马铃薯、油菜等作物。

第二,清除自生麦苗。在越夏地区,要因地制宜采取措施,清除自生麦苗,以减少越夏菌源。麦茬休闲地伏耕2次或3次,便可翻埋除去大部或全部自生麦苗,秋作地则采取中耕措施。麦收后复种荞麦、糜谷的地块自生麦苗出土早,密度大,尤需结合作物的中耕除草,铲除自生麦苗。复种作物收获后,要立即翻耕,埋掉残留病苗。场边、路旁、地边的自生麦苗要拔除沤肥。另外,也可采用喷施除草剂清除自生麦苗。在越夏区还要选种抗落粒品种,适时收获,以减少落地麦粒。

第三,合理调整播期。在秋苗发病早而重的地区,适期播种,避免过早播种,可以显著减轻发病,对减少秋苗菌量及其传播危害有重要作用。在陇东、陇南等地,向来有早播待墒的习惯,播期异常提前。因而合理调整播期,推迟播种,苗期条锈病发生较轻,产量有所提高。在陇东塬区,9月中旬以前播种发病很重,10月上旬播种的基本无病。在陇南和川西北等地也有类似情况(表28)。推迟播期后,除条锈病外,叶锈病、白粉病、黄矮病、叶蝉、麦蚜等病虫的发生也有不同程度的减轻。

表28 陇南和阿坝海拔1100~2950米地带
小麦播期与条锈病病情

(陈万权等,1993)

播种期	病田率(%)	病叶片数(片/667平方米)
9月上旬	51.2~100	475.6~2083.4
9月中旬	45.3~71.4	96.0~1093.4
9月下旬	37.7~48.6	5.4~9.9
10月上旬	0	0

播期调整应因地制宜,灵活掌握。据调查,各地常年适宜秋播期,陇南海拔1650米以上的高山区为9月20日以后,海拔1500米左右的半山区为9月25日至10月5日,海拔1230米以下的川地为10月10日以后;陇东海拔1400米左右的塬区在9月15日至20日,川地在9月下旬;陕西关中和华北中、北部在9月底至10月上旬,华北南部在10月中旬;鄂西北平原10月下旬,山地10月上旬;四川平坝区在10月中下旬,北部松潘等地山地在9月20日至10月初。

第四,早春镇压耙糖。在条锈病菌越冬地区,于早春小麦返青前后,顺麦行耙糖1~2次,可除去或损伤麦株基部的越冬病叶,减少早春菌源,有利于土壤保墒,促进麦株健壮生长。

第五,合理施肥灌水。增施磷肥、钾肥,氮、磷、钾肥合理搭配施用,有利于增强麦株抗锈能力。速效氮肥应避免过量、过迟施用,以防止麦株贪青晚熟,加重后期锈病危害。

麦田合理灌水,大雨后或田间积水时,及时开沟排水,降低田间湿度。生育后期发病重的田块需适当浇水,以补偿病株水分损失,维持水分平衡,减少产量损失。

二、药剂防治

药剂防治是小麦锈病综合防治的重要措施,在尚未普遍种植抗病品种的地区,或抗病品种业已失效的地区,药剂防治是控制条锈病流行的主要手段,在种植抗病品种和已经实行抗病品种合理布局的地区,使用药剂仅为品种防治的辅助措施。种植耐锈、避锈或慢锈品种的地区,若锈病发生早,天气条件有利于锈病发展,仍需药剂防治,不能掉以轻心。

(一)药剂防治技术

当前主要使用三唑类内吸杀菌剂,常用品种为三唑酮(粉锈宁)。该药剂兼具保护与治疗作用,内吸传导性强,持效期长、用药量低、防病保产效果高,安全低毒,是比较理想的防锈药剂品种,还可兼治小麦白粉病、黑粉病、全蚀病、纹枯病和雪霉叶枯病等。常用剂型有15%三唑酮可湿性粉剂、25%三唑酮可湿性粉剂、20%三唑酮乳油等。

中国农业科学院植物保护研究所最早试验和开发了三唑酮防锈技术。三唑酮的施用方法,主要为拌种和叶面喷雾。

采用三唑酮大面积连片拌种,可极显著地压低条锈菌冬前菌源,翌年春季因菌量不足而不会流行,或者显著推迟锈病流行期。拌种工效高,不用水,适用于越夏区和越冬关键地区。秋苗发病严重的山区,春季以当地菌源为主的常发山区也应拌种防治。在高海拔早播冬麦区,虽然条锈病菌不能越冬,但可向冬麦区提供菌源,侵染秋苗,也应拌种防治,以保护冬麦区。粉锈宁拌种控制成株期条锈病的流行,部分靠麦株内药剂的直接作用,部分靠在菌源上压前控后的间接作用。拌种需大面积连片进行,在平川区最少1个乡,330～400公顷,河坝区130～200公顷,沟谷山区为整个沟谷地。范围越大,控病效果越好。拌种用药量为种子重量的0.03%(以有效成分计),要混拌均匀。三唑类杀菌剂拌种后延迟出苗,在土壤含水量较低的田块,可能降低出苗率,减少分蘖,因此需适当提高播量。

生长期防治应预防为主,早防早治。要重视秋苗期防治和早春点片发生期的防治,以起到"打点保面"的作用。对春季早发地区和沿江沿河的病带,更应在早春及时喷药,以保护邻近麦田。拔节期喷第一次药的,可根据田间发病情况,在旗叶伸长到抽穗期再喷1次药,以保护旗叶。

小麦生育中后期的喷雾防治,施药适期为病叶率5%～10%,正值小麦旗叶伸长至抽穗期,但还要结合当地实际情况灵活应用。在春季流行以当地菌源为主的地区,大面积连片防治时,可适当提早防治时期(但不可提前到麦株第二节明显以前),以尽早压低菌源,提高防治效果。在后期受外来菌源影响较大的地区,或者零星地块防治,可适当推迟施药期,以有效保护旗叶。一般适期喷施1次,便可控制整个成株期条锈病的危害。

在长江流域冬繁区,药剂防治要抓好冬季点片发生期、春季拔节期及孕穗、抽穗期这3个关键时段,防治3～4次。

三唑酮叶面喷雾防治条锈病的适宜用药量依小麦品种而异,对高度感病品种,每667平方米用药9～12克(有效成分,下同),中度感病品种每667平方米7～9克,慢锈品种每667平方米4～6克。大面积连片防治时,可采用上述用药量范围中的低限(如高感品种每667平方米用药9克),零星地块施药应采用上述用药量范围中的高限(如高感品种每667平方米12克)。

其他三唑类杀菌剂,包括烯唑醇(特谱唑、速保利)、三唑醇(百坦、羟锈宁)、粉唑醇、丙环唑、腈菌唑、羟菌唑、戊唑醇等也可用于防治小麦锈病。烯唑醇内吸传导性强,持效期长,用药量很低,只有粉锈宁用量的1/3~1/2。

(二)三唑酮的持效期

三唑酮是长效杀菌剂,但持效期也受病害种类、剂量、侵染阶段、环境条件以及其他因素的影响,而有所不同。

1. 拌种的持效期 据陈扬林等(1988)试验,用25%粉锈宁可湿性粉剂,以麦种重0.03%的药量(有效成分)拌种,在播种后20天的麦苗中,三唑酮已大部分转化为羟锈宁,到35天绝大部分都已转化为羟锈宁。麦株中绝对药量消解较慢,经历75天,只减少38%。除了药剂本身分解缓慢外,麦株还可吸收土壤中的药剂而得到补充。随着麦株生长和重量增加,体内药剂浓度下降较快,经历75天后,下降了95%,但因对条锈病的有效浓度很低,仍可保持高效。播种后95天,接菌测定的效果还达74%。

另据王美南等(1997)试验,以麦种重0.03%的药量(有效成分)拌种,带药种子分别播于温室内和田间,定期接菌测定防治效果。结果表明,播后55天以内,室内盆栽幼苗(已有5片叶子)没有任何表现症状,播后60~78天,即6~8叶期幼苗,方出现枯斑。在田间至播后98天,第六片叶子上出现1~2型孢子堆,播后132天,第七片叶上可出现3型孢子堆。拌种后维持接种叶不产生孢子的时间至少可达2个月。

2. 条锈病菌侵染前叶面施药的持效期 小麦幼苗第一

叶饱和施药后,有效成分可向上输导,使后续发出的叶片上条锈菌夏孢子堆数目减少,有强烈的保护作用。持效期随用药浓度增高而延长,随叶位升高而缩短,提高用药浓度延长持效期的作用非常明显。1叶期喷布50微克/毫升药液,第二叶的防效为56.8%;喷布100微克/毫升药液,第三叶以后防效低而不稳定;喷布200微克/毫升药液,第四叶的防治效果仍达80%,此时距喷药已34天;施用400～600微克/毫升药液,第六叶的防治效果达95%以上,调查日距喷药已有55天。

3. 条锈菌侵染过程中叶面施药的持效期 拔节后期辉县红小麦的分期喷药试验表明,在条锈病的潜育期喷药(100～600微克/毫升),在小麦收获前,即喷药56天后调查,防效仍高达99%以上。在显症期喷药,收获前(喷药52天后)防治效果都在92%以上。但是,产孢初期喷药,成熟前的防效显著降低,而由喷药到收获前最后1次调查只有48天。

4. 发病后叶面施药的持效期 成株期田间小区试验以人工接菌造成田间条锈病流行,以每667平方米10克的用药量在病情指数为0.53%,14.2%和31%时分3期喷药,然后依据叶面存活孢子堆数目计算防治效果。结果,3期喷药处理到收获前各经历了24天,15天和9天,收获前的防治效果分别为99.3%,88.4%和36.2%。发病越重,喷药越晚,防效越低。

晚期喷药防效降低是否与三唑酮的持效期有关呢?图16画出了各处理区与不喷药对照区的病情发展曲线。第一期喷药的处理区病情发展曲线虽升降幅度小,但发育较完整,可区分出初期下降、中期平稳和后期上升3个阶段。第二期喷药和第三期喷药距收获期较近,未见病情上升阶段。显然,喷药后病情下降是三唑酮发挥治疗作用使叶片上已形成的孢子堆枯死所造成的,随后由于药剂的保护作用防止新侵染发生而使曲线平缓。由第一期喷药至收获前最后 1 次病情调查共 24 天,都处于 90% 药效的持效期内,这与前述研究结果是一致的。所以喷药越晚,已有发病数量越大,三唑酮的治疗效果降低,得以发挥保护作用的时间缩短,防治效果降低。

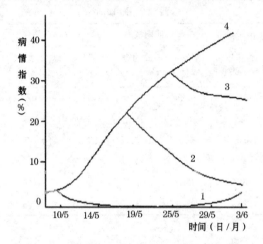

图 16 不同日期喷施三唑酮(100 微克/毫升)后的病情发展曲线

1.5 月 10 日喷药　2.5 月 19 日喷药

3.5 月 25 日喷药　4.不喷药对照

(商鸿生等,1991)

1988 年在天水市汪川乡于小麦抽穗期选择条锈病自然发病程度不同的生产田喷药防治,结果表明喷药时病情越低,防治效果越高,病情越重,防治效果越低(表 29)。

1989 年在天水市孟家山的田间防治试验表明,抽穗期病叶率9%,平均严重度5%时喷药,用药量在5~20克/667平方米范围内,收获前防治效果都在99%以上;而在病叶率26%,平均严重度12%时喷药,防治效果下降至47.4%~72.1%。这表明成株期防治掌握喷药时机,比单纯提高用药量更重要。

表29 抽穗期不同病情田块的防治效果

(商鸿生等,1991)

田块	用药量(克/667平方米)	喷药前病情		收获前病情		防治效果(%)
		病叶率(%)	严重度(%)	病叶率(%)	严重度(%)	
1	20	0.25	12.0	2.6	10.0	94.3
2	10	1.5	18.0	7.4	5.5	98.6
3	20	1.2	10.0	3.7	6.2	92.8
4	10	23.6	11.0	32.7	12.5	86.8
5	12.5	43.0	14.7	99.6	49.6	45.0
6	22.5	98.3	41.0	99.2	65.5	21.9

综上所述,可以认为在小麦抽穗期一次施药,药剂的90%防效的持效期可延续到收获前。若错过喷药适期,田间发病已比较严重时喷药,防治效果大幅度降低,这种药效降低的原因与药剂持效期无关。在拔节时喷药,抽穗期应再喷1次药,以保证旗叶的安全。

三唑酮防治小麦条锈病,既对施药前已有的条锈菌侵染有治疗作用,又可防止新侵染产生,有保护作用。其治疗作用对于潜育的侵染非常有效,对于已形成的孢子堆则较差。由于治疗作用是针对已有侵染的,在施药后即行表达,只存在作用强度与效果问题而不存在持效问题。三唑酮的持效期是指其保护作用持效期。

根据上述研究结果,可提出以下合理使用三唑酮的建议:在早春喷施三唑酮控制和消除条锈病发病中心时应适当提高用药量,以延长持效期,扩大受保护的叶片数量。成株期防治应搞好病情测报,适期早喷。盲目增加用药量和喷药次数不能提高防治效果。

(三)三唑酮的治疗作用

三唑酮是内吸杀菌剂,不仅有优异的保护作用,而且还有优异的治疗作用。

三唑酮经麦株内吸传导后,未施药叶片亦表现上述治疗作用特点。麦苗第二叶片接菌8～12天后,分别在第一和第三叶片施药,则第二叶上反应型级别降低,孢子堆数目减少,以第一片叶施药的治疗作用较强,这表明三唑酮以上行输导为主。

治疗作用效果受到施药时间、药液浓度、环境温度等因素的影响。

幼苗第一叶片接种后间隔不同天数施用100微克/毫升三唑酮药液。结果,潜育期(接菌后8天以前)施药,接种叶不发病,显症期(接菌后8天)施药,叶面主要出现枯斑(枯条),产孢期(接菌10天后)施药,叶面出现孢子堆,也有枯条,但孢子堆数目较少(表30)。

成株期在接种后4天(潜育期)与8天(显症期)施药,防治效果达90%以上,而接种后12天(产孢期)施药,防治效果剧降(表31)。

药液有效成分浓度越高,治疗作用也越强。一叶期幼苗,接种后10天(产孢初期)施药,低浓度(25～50微克/毫升)时叶上以 2 型孢子堆为主,仍能正常产孢,高浓度(100 微克/毫升以上)孢子堆周围都产生坏死,形成明显枯条,浓度越高,坏死反应越强。

表 30　喷药时间对治疗作用的影响

(引自商鸿生等,1991)

喷药时间(接种后的天数)	反应型	单叶平均孢子堆数
1	0	0
2	0	0
4	0	0
8	0;~1	1.5
10	0;~2$^-$	1.7
12	0;~2$^-$	7.6
14	0;~3$^-$	25.5
不喷药对照	3~4	>100

表 31　施药时间和药剂浓度变化与成株期小麦条锈病治疗效果 (%)

(引自商鸿生等,1991)

叶　位	施药时间(接菌后天数)	药剂浓度(有效成分,微克/毫升)			
		100	200	400	800
旗下一叶	4	98.3	99.8	99.8	100
	8	91.7	98.5	99.3	97.9
	12	17.4	49.2	50.2	62.7
旗下二叶	4	99.7	99.9	100	100
	8	94.2	98.7	99.2	99.7
	12	59.3	43.7	69.9	64.2

注:接菌后第 46 天的调查结果,表中数字为 3 次重复平均值。调查日不喷药对照区旗下一叶病情指数为 6.9%,旗下二叶为 40.5%

试验表明,在气温较高时(20℃)治疗性施药,比气温较低时(14℃～15℃)时施药,叶片孢子堆数目减少,反应型级别降低,这表明高环境温度可增强三唑酮的治疗效果。田间小麦生长后期用药,气温较高,孢子堆迅速枯死,形成枯条。

由以上结果可见,提高三唑酮治疗作用最重要的是施药时间要适宜,其次是选择经济有效的药剂浓度。

在植株发病以后施药称为治疗性施药,由于田间发生病菌的连续侵染,再侵染频繁,治疗性施药除对已有侵染有治疗作用外,还有防止新侵染产生的保护作用,两者不能截然分离。田间试验表明,田间成株进行治疗性施药,一般应在严重度达到10%以前,用药量为5～20克/667平方米,依据喷药田病情和用水量而增减。

三唑酮的治疗作用有很高的实际应用价值,它使小麦成株期喷药时机的选择有了更大的灵活性。即使发病预测预报失准,田间已经发病,仍可进行防治。在秋苗和早春点片发生期,可施用三唑酮铲除传病中心。以外来菌源为主的地区和田块,成株期外来菌源集中到达后,田间普遍发病,但严重度尚低,此时亦可抓住时机针对性地进行治疗性喷药。

(四)三唑酮作用的病理学机制

我们用25%三唑酮可湿性粉剂以干拌法拌种,在小麦幼苗1叶期接种条锈菌夏孢子,研究了三唑酮对条锈菌叶部侵染过程的影响。结果表明,三唑酮拌种不影响夏孢子叶面萌发、侵入和气孔下囊形成,但可抑制条锈菌吸器母细胞和吸器形成,菌落生长也受到强烈的抑制,只产生几条主干菌丝,分支稀疏,较早停止生长和分化。而不拌药对照菌丝密结,能持续生长和分支,形成复杂的网络,并进而分化成夏孢子堆。三唑酮处理后,还能引起侵染点寄主细胞坏死,坏死细胞有1～3个不等。

用三唑酮药液(50微克/毫升)喷雾处理已接菌的小麦幼苗叶片,然后定期连续取样制片,进行电镜观察,结果发现条锈菌胞间菌丝细胞,吸器体、吸器与寄主细胞交界面以及小麦叶肉细胞都因三唑酮处理而发生了一系列退行性变化。菌丝细胞壁增厚,隔膜形成受到抑制,继而细胞器解体,整个菌丝细胞变形。施药时已形成的吸器壁内层因大量泡囊积集而增厚,细胞器消解,吸器体壁向内凹陷造吸器畸形,新生严重畸形。吸器与寄主细胞交界面异变,出现孔洞。同时,寄主细胞分泌胼胝质,胼胝质累积后可将吸器体完全包围起来,侵染点内寄主细胞,细胞器解体而坏死,一些侵染点外的细胞也发生坏死。

(五)烯唑醇的防治效果

烯唑醇为三唑类杀菌剂,具有很强的内吸活性和宽广的抗真菌谱,对多种子囊菌、担子菌和半知菌引致的病害有优异的防效。

小麦苗期施药后接菌测定表明,烯唑醇防治条锈病的保护作用防效很高。用浓度为25微克/毫升(以有效成分计,下同)的药液喷布麦苗第一叶,15天后调查,第一、第二叶不表现症状,或仅出现0;至1型孢子堆,严重度很低。这表明该剂有较强的保护作用和上行传导作用。

烯唑醇还有较强的治疗作用。幼苗第一叶接菌后间隔不同天数喷施100微克/毫升速保利药液,结果潜育期施药的各处理只出现枯斑;显症期(接菌后8天)喷药的,出现枯斑和个别极小的孢子堆病斑;产孢期(按菌后 12 天)施药者,反应型较低、孢子堆数较少,孢子堆周围叶肉组织坏死,不产孢。

烯唑醇在成株期的治疗作用与苗期类似。施药后已形成的病斑迅速枯死,围绕孢子堆产生鲜明的褐色枯条。药液浓度为 50 微克/毫升时,潜育期施药防效 95.8%,显症期施药防效 64.6%;产孢期施药即使药液浓度高达 400 微克/毫升,防效也较低,但可抑制产孢,降低其再侵染概率。

另外,电镜观察表明,用烯唑醇喷雾处理已接菌小麦叶片,可使叶肉细胞间条锈病菌菌丝细胞壁不规则地加厚,使菌丝隔膜发育受阻而呈畸形,吸器外间质沉积电子致密度高的物质,部分吸器母细胞产生畸形入侵栓,不能穿透寄主细胞壁而形成吸器,已形成的吸器畸形。小麦叶肉主细胞所分泌的物质可将条锈菌吸器完全包围起来。这些作用与三唑酮十分相似,但较三唑酮强烈。

用感病品种铭贤 169 进行田间药效测定,结果喷施 50 微克/毫升烯唑醇,防效高达 84.7%,千粒重增重率高达 43.9%,与施用 100 微克/毫升三唑酮的防效相当。再提高浓度,防效和千粒重均有提高,但差异不显著。这表明在条锈病流行初期喷施 50 微克/毫升的烯唑醇可以控制条锈病。

总之,烯唑醇防治小麦条锈病具有优异的保护和治疗活性,田间防效和保产效果优于三唑酮,该药剂可替代三唑酮用于大田防治条锈病。用药量应低于三唑酮,每公顷用 75 克(有效成分)左右。

参考文献

1 陈善铭,周嘉平,李瑞碧等.华北冬小麦条锈病流行规律研究.植物病理学报,1957,3(1):63～85

2 陈扬林,谢水仙,孙永厚等.三唑酮(粉锈宁)拌种控制小麦条锈病流行的初步研究.植物保护学报,1982,9(4):265～270

3 陈扬林,王仪,谢水仙等.粉锈宁拌种对小麦条锈病长效机制的初步研究.植物病理学报,1988,18(1):47～50

4 陈扬林,谢水仙,孙永厚等.三唑酮防治成株期小麦条锈病的初步研究.植物保护学报,1984,11(4):241～246

5 陈杨林,张淑香,陈万权等.小麦条锈菌对粉锈宁敏感性的初步研究.植物病理学报,1992,22(1):95～99

6 黄光明,杨家秀,罗带新等.我省小麦条锈病越夏规律调查.四川农业科技,1981,(3):20～23

7 康振生,李振岐,商鸿生等.小麦条锈菌夏孢子阶段核相状况的研究.植物病理学报,1994,24(1):26～31

8 康振生,李振岐,商鸿生.小麦条锈菌异核新菌系的筛选及核游离试验.植物病理学报,1994,24(2):101～105

9 康振生,李振岐,J.庄约兰,R.罗林格.小麦条锈菌吸器超微结构和细胞学研究.真菌学报,1994,13(1):52～57

10 康振生,商鸿生,井金学等.内吸杀菌剂烯唑醇对小麦条锈菌和白粉菌发育影响的研究.植物病理学报,1996,26(2):111～116

11 季良,阮寿康.小麦条锈病的流行预测.河北农学报.

1962,(2):24~33

12　姜瑞中,商鸿生,蒲崇健等.甘肃南部小麦条锈病越夏考察.西北农业大学学报,1993,21(2):7~12

13　井金学,傅杰,袁红旭等.三个小麦野生近缘种抗条锈性传递的初步研究.植物病理学报,1999,29(2):147~150

14　井金学,商鸿生,李振岐.紫外线照射对小麦锈菌生物学效应的研究.植物病理学报,1993,24(4):299~304

15　井金学,商鸿生,李振岐.小麦重要抗原和后备品种对条锈菌突变菌株的抗性的进一步研究.西北农业大学学报,1995,23(1):18~25

16　井金学,商鸿生,李振岐.小麦品种抗锈性分化的初步研究.植物病理学报,1997,27(1):9~16

17　李明菊.云南省小麦条锈病流行体系研究现状.植物保护,2004,30(3):30~33

18　李月仁,商鸿生.小麦条锈病罹病植株对水分胁迫的响应.植物生理学报,2000,26(5):417~421

19　李月仁,商鸿生.条锈菌侵染过程中小麦叶片水分关系的变化.植物生理学报,2000,26(6):471~475

20　李月仁,商鸿生.条锈菌侵染对小麦光合作用和蒸腾作用的影响.麦类作物学报,2001,21(2):51~56

21　李振岐.我国小麦品种抗条锈性丧失原因及其解决途径.中国农业科学,1980,3:72~76

22　李振岐,刘汉文.陕、甘、青小麦条锈病发生发展规律之初步研究.西北农学院学报,1956,(4):1~18;1957,(1):33~47

23　李振岐,商鸿生.小麦锈病及其防治.上海:上海科学技术出版社,1989

24 李振岐,商鸿生(主编).中国农作物抗病性及其利用.北京:中国农业出版社,2005

25 李振岐,王美楠,贾明贵等.陇南地区小麦条锈病的流行规律及其控制策略研究.西北农业大学学报,1997,25(2):1～5

26 李振岐,曾士迈(主编).中国小麦锈病.北京:中国农业出版社,2002

27 林晓民,李振岐.我国小麦条锈菌寄主范围的研究.植物病理学报,1990,20(4):265～270

28 刘孝坤,洪锡午,谢水仙等.陇南南部小麦条锈病菌越夏的初步研究.植物病理学报,1984,14(1):9～15

29 路端谊,袁文焕,李剑雁等.小麦品种资源抗条锈病的研究.中国农业科学,1980,(1):15～22

30 陆师义,黎膏翔.光与温度对小麦品种抗条锈性的影响.植物病理学报,1958,4(2):129～135

31 骆勇,曾士迈.小麦条锈病($Puccinia\ striiformis$)慢锈品种抗性成分的研究.中国科学(B辑),1988,(1):51～59

32 马青,商鸿生.小麦高温抗锈品种与条锈菌互作的超微结构研究.中国农业科学,2002,35(8):939～942

33 马青、商鸿生.小麦与条锈菌不亲和互作的超微结构.植物病理学报,2002,32(4):306～311

34 马青,商鸿生.条锈菌与慢锈小麦品种互作的超微结构.菌物系统,2002,21(4):580～542

35 马占鸿,石守定,姜玉英,赵中华.基于GIS的中国小麦条锈病菌越夏区气候区划.植物病理学报,2005,34(5):455～462

36 马占鸿,石守定,王海光,张美荣.我国小麦条锈病菌

既越冬又越夏地区的气候区划.西北农林科技大学学报(自然科学版),2005,33(增刊):11～13

37 牛永春,李振岐,商鸿生.条形柄锈菌赖草专化型和披碱草专化型.西北农业大学学报,1991,19(增刊):58～62

38 牛永春,吴立人.繁6—绵阳系小麦抗条锈性变异及对策.植物病理学报,1997,27(1):5～8

39 蒲崇建.甘肃省小麦条锈病周期流行规律及其预测方法的初步探讨.植物病理学报,1998,28(4):299～302

40 商鸿生.小麦对条锈病的高温抗病性研究.中国农业科学,1998,31(4):46～50

41 商鸿生,井金学,李振岐.紫外线诱导小麦条锈菌毒性突变的研究.植物病理学报,1994,24(4):347～351

42 商鸿生,井金学,杨素欣等.速保利对小麦条锈病的防治效果.西北农业大学学报,1992,20(2):13～17

43 商鸿生,李月仁.小麦由水分胁迫诱导的抗条锈性.植物病理学报,2004,34(2):122～126

44 商鸿生,王利国,陆和平等.小麦对条锈病高温抗病性表达规律的研究.植物保护学报,1997,24(2):97～100

45 商鸿生,张慧,李振岐.条锈菌侵染初期小麦初生叶内可翻译 mRNA 的变化.植物生理学报,1995,21(3):247～253

46 商鸿生,张慧,李振岐.条锈菌侵染早期小麦叶片 RNA 和 rRNA 的合成.植物病理学报,1995,25(3):215～220

47 商鸿生,张慧,李振岐.小麦高温抗条锈性表达与蛋白质合成的关系.麦类作物学报,2000,20(1):16～19

48 商鸿生,杨渡,李振岐.粉锈宁拌种对小麦条锈菌叶部侵染过程的影响.植物病理学报,1987,17(3):141～145

49 沈其益,汪可宁.中国小麦条锈病流行规律现状和今后研究的商榷.植物保护学报,1962,1(4):393~420

50 万安民,牛永春,吴立人等.1991~1996年我国小麦条锈菌生理专化研究.植物病理学报,1999,29(1):15~21

51 万安民,赵中华,吴立人.2002年我国小麦条锈病发生回顾.植物保护,2003,29(2):5~8

52 万安民,吴立人,贾秋珍等.1997~2001年我国小麦条锈菌生理小种变化动态.植物病理学报,2003,33(3):261~266

53 万安民,吴立人,金社林等.中国小麦条锈菌条中32号的命名及其特性.植物保护学报,2003,30(4):347~352

54 万安民,肖悦岩,曾士迈.小麦条锈菌相对寄生适合度继代测定方法的探讨.植物病理学报,2000,30(4):301~305

55 汪可宁,洪锡午,司权民等.我国小麦条锈菌生理专化研究.植物保护学报,1963,2(1):23~35

56 汪可宁,洪锡午,王剑雄等.1962~1965年和1972~1974年我国小麦条锈生理小种鉴定研究.植物保护研究报告,1975,(1):31~36

57 汪可宁,洪锡午,吴立人等.1951~1983年我国小麦品种抗条锈性变异分析.植物保护学报,1986,13(2):117~124

58 汪可宁,吴立人,孟庆玉等.1975~1984年我国小麦条锈菌生理专化研究.植物病理学报,1986,16(2):79~85

59 王保通,商鸿生.小麦高温抗条锈性表达与木质素合成的关系.植物保护学报,1996,23(3):229~234

60 王保通,商鸿生.小麦高温抗条锈性表达与苯丙氨酸

解氨酶和多酚氧化酶活性的关系.麦类作物学报,2001,21(3):42～45

61 王凤乐,商鸿生,李振岐.中国小麦条锈菌生理小种同工酶分析.植物病理学报,1995,25(2):101～105

62 王凤乐,吴立人,万安民.中国小麦条锈菌群体毒性变异研究.中国农业科学,1995,28(1):8～14

63 王凤乐,吴立人,许世昌.绵阳系小麦抗条锈性变异的系统调查.植物病理学报,1996,26(1):105～109

64 王凤乐,吴立人,徐世昌等.中国条锈菌新小种条中30、31号的研究.植物保护学报,1996,23(1):39～44

65 王吉庆,陆家兴,刘守俭.甘肃地区小麦条锈病菌越夏规律的初步研究.植物病理学报,1965,8(1):1～9

66 吴立人,孟庆玉,谢水仙等.洛10、洛13致病类群的发现与研究.中国农业科学,1988,21(5):121～126

67 吴立人,牛永春.我国小麦条锈病持续控制的策略.中国农业科学,2002,33(5):46～54

68 吴立人,杨华安,陶碧华等.小麦条锈菌新小种流行预测研究.中国农业科学,1991,24(5):59～63

69 吴立人,杨华安,袁文焕等.1985～1990年我国小麦条锈菌生理专化研究.植物病理学报,1993,23(3):269～274

70 吴立人,袁文焕,宋位中等.1991年小麦条锈菌生理小种监测结果简报.植物病理学报,1993,23(1):48

71 肖悦岩,曾士迈.小麦条锈病三种显症率预测式的比较研究.中国科学(B辑).1985,(2):151～157

72 肖悦岩,武丽芬,王卓然等.小麦条锈病菌非亲和性小种诱发小麦抗锈性研究.植物病理学报,2003,33(3):254～260

73 谢水仙,彭于法,张平高等.湖北省小麦条锈病菌越夏的初步研究.植物病理学报,1987,17(1):40～45

74 谢水仙,陈万权等.陇南和阿坝地区小麦条锈菌传播的研究.植物病理学报,1992,22(2):138～141

75 谢水仙,陈万权,陈扬林,汪可宁等.天水市小麦有害生物综合防治技术体系.植物保护学报,1995,22(3):252～253

76 谢水仙,陈杨林,陈万权等.阿坝州小麦条锈病发生规律的研究.植物保护学报,1988,15(2):85～91

77 杨华安,吴立人.绵阳系统小麦品种抗条锈性分析.中国农业科学,1990,23(6):1～5

78 杨华安,吴立人.我国小麦条锈菌生理小种毒性基因及致病性特点分析.植物病理学报,1990,20(3):213～217

79 杨世诚,冉云.云南省小麦条锈病菌越夏规律的调查研究.中国农业科学,1986,(2):72～77

80 杨小冰,曾士迈.小麦条锈病对小麦产量影响的研究:I.损失估计经验模型.中国科学(B辑),1988,(1):505～509

81 杨之为,商鸿生,裴宏洲等.小麦条锈病动态预测的初步研究.中国农业科学,1991,24(6):45～50

82 杨作民,解超杰,孙其信.后条中32时期我国小麦条锈抗原之现状.作物学报,2003,29(2):161～168

83 姚秋燕,徐智斌,王美南等.小偃6号高温下抗条锈性的遗传分析.植物保护学报,2006,33(2):117～121

84 袁文焕,张忠军,冯峰等.小麦慢条锈性品种的筛选及小种专化性.中国农业科学,1995,28(3):35～40

85 曾士迈.小麦条锈病春季流行规律的数理分析(1).

植物保护学报,1962,1(1):35~48

86 曾士迈.小麦条锈病的大区流行规律和流行区系.植物保护,1963,(1):10~13

87 曾士迈.植物病原菌寄生适合度测定方法的研究(以小麦条锈菌为例).植物病理学报,1996.26(2):97~104

88 曾士迈.品种抗病性持久度的估测(Ⅰ).植物病理学报,1996,26(4):289~293

89 曾士迈.抗病性持久度估测(Ⅱ)小麦条锈病抗病性持久度的模拟研究.植物病理学报,2002,32(2):103~113

90 曾士迈.小麦条锈病越夏过程的模拟研究.植物病理学报,2003,33(3):267~278

91 曾士迈.品种布局防治小麦条锈病的模拟研究.植物病理学报,2004,34(3):261~271

92 曾士迈,孙平.华北西北长江中下游小麦条锈病流行区划的研究.载于赵美琦主编《麦田植保系统工程的研究》一书,北京农业大学出版社,1995,125~133

93 曾士迈,张树榛.植物抗病育种的流行学研究.北京:科学出版社,1998

94 张传飞,商鸿生,李振岐.中国小麦条锈菌主要流行小种的寄生适合度.西北农业大学学报,1994,22(2):28~32

95 张慧,商鸿生,李振岐.在条锈菌侵染早期小麦初生叶内多聚核糖体水平与蛋白质合成能力的变化.植物生理学报,1994,20(4):339~345

96 周祥椿,杜久元,杨俊海.甘肃陇南小麦不同品种类型抗条锈性变化特点分析.植物病理学报,2003,33(6):550~554

金盾版图书,科学实用,
通俗易懂,物美价廉,欢迎选购

书名	价格	书名	价格
玉米科学施肥技术	8.00元	图册	15.00元
怎样提高玉米种植效益	10.00元	麦类作物病虫害诊断与	
玉米良种引种指导	11.00元	防治原色图谱	20.50元
玉米标准化生产技术	10.00元	玉米高粱谷子病虫害诊	
玉米病虫害及防治原色		断与防治原色图谱	21.00元
图册	17.00元	黑粒高营养小麦种植与	
玉米植保员培训教材	9.00元	加工利用	12.00元
小麦农艺工培训教材	8.00元	大麦高产栽培	3.00元
小麦标准化生产技术	10.00元	荞麦种植与加工	4.00元
小麦良种引种指导	9.50元	谷子优质高产新技术	5.00元
小麦丰产技术(第二版)	6.90元	高粱高产栽培技术	3.80元
优质小麦高效生产与综		甜高粱高产栽培与利用	5.00元
合利用	7.00元	小杂粮良种引种指导	10.00元
小麦地膜覆盖栽培技术		小麦水稻高粱施肥技术	4.00元
问答	4.50元	黑豆种植与加工利用	8.50元
小麦科学施肥技术	9.00元	大豆农艺工培训教材	9.00元
小麦植保员培训教材	9.00元	怎样提高大豆种植效益	8.00元
小麦条锈病及其防治	10.00元	大豆栽培与病虫害防治	
小麦病害防治	4.00元	(修订版)	10.50元
小麦病虫害及防治原色		大豆花生良种引种指导	10.00元

以上图书由全国各地新华书店经销。凡向本社邮购图书或音像制品,可通过邮局汇款,在汇单"附言"栏填写所购书目,邮购图书均可享受9折优惠。购书30元(按打折后实款计算)以上的免收邮挂费,购书不足30元的按邮局资费标准收取3元挂号费,邮寄费由我社承担。邮购地址:北京市丰台区晓月中路29号,邮政编码:100072,联系人:金友,电话:(010)83210681、83210682、83219215、83219217(传真)。